U0159156

The Pyrocene: How We Created an Age of Fire, and What Happens Next

火焰世

一部火与人类的文明史

［美］斯蒂芬·J. 派恩（Stephen J. Pyne） 著
丁林棚 等译

中国出版集团
中 译 出 版 社

著作权合同登记号：图字 01-2023-3486 号

图书在版编目（CIP）数据

火焰世 ：一部火与人类的文明史 /（美）斯蒂芬•J.派恩著 ；丁林棚等译. -- 北京 ：中译出版社，2024.2
书名原文：The Pyrocene: How We Created an Age of Fire, and What Happens Next
ISBN 978-7-5001-7612-1

Ⅰ. ①火… Ⅱ. ①斯… ②丁… Ⅲ. ①火—文化史—世界 Ⅳ. ①TQ038.1-091

中国国家版本馆CIP数据核字(2023)第225117号

火焰世　HUOYAN SHI

出版发行　中译出版社
地　　址　北京市西城区新街口外大街 28 号普天德胜大厦主楼 4 层
电　　话　(010)68005858，68359827（发行部）68357328（编辑部）
邮　　编　100088
电子邮箱　book@ctph.com.cn
网　　址　http://www.ctph.com.cn

出 版 人　乔卫兵
总 策 划　刘永淳
策划编辑　郭宇佳　马雨晨
责任编辑　孙运娟
文字编辑　马雨晨　邓　薇
封面设计　王子君

排　　版　北京竹页文化传媒有限公司
印　　刷　北京盛通印刷股份有限公司
经　　销　新华书店

规　　格　880 毫米 ×1230 毫米　1/32
印　　张　8.25
字　　数　133 千字
版　　次　2024 年 2 月第 1 版
印　　次　2024 年 2 月第 1 次

ISBN 978-7-5001-7612-1　**定价：68.00 元**

献给

一如既往闪亮的

桑娅

及

莉迪亚、莫莉、卡莉、阿什利、

林赛、科登、朱莉、艾薇、艾斯

希望他们在灰烬中看到美好世界的光亮

在地上，他把大火展示给你。

你从火中听见他的话。

《申命记 4: 36》

他们要从火里出来，

不然火要吞噬他们。

《以西结书 15: 7》

译 者 序

丁林棚[①]

火是人类文明的根本。有了火，才有了人类文明，才有了几千年的辉煌和灿烂文化。自从人类掌握了用火，地球的历史就永远地发生了改变。人类离不开火——我们用它来烹煮食物，锻造钢铁，疗伤治病，发射卫星，探索宇宙——火给人类带来的福祉是不可估量的。然而，火也是一个矛盾的事物——它既是人类生存之根，又可以是毁灭之源。人类文明发展到

① 丁林棚，北京大学外国语学院副教授，文学博士，专攻英语文学与翻译学方向。在文学和翻译学领域发表论文 40 余篇，主持国家社会科学基金项目 2 项，参与多项国家社会科学基金项目。代表性专著有《自我、社会与人文：玛格丽特·阿特伍德小说的文化解读》《加拿大地域主义文学研究》等，译有《凝视太阳》《云端革命：新技术融合引爆未来经济繁荣》等 10 余部作品。

21 世纪，似乎已经掌握了高超娴熟的火技术，仿佛早已把火玩弄于股掌之间。从火柴棒到大熔炉，从煤气灶到火电站，火俨然已成为人类的仆人。在世界各个角落，每当有野火蔓延、森林燃烧、火山喷发，人们总是想尽一切办法去控制火、扑灭火。然而，人类在沾沾自喜地庆祝自己学会了各种用火技术之时，并不曾料想，人类的命运有可能走向寒冬。人类对火，究竟了解多少呢？遗憾的是，我们对于人类这位特殊的朋友、仆人兼敌人，却所知甚少，甚至长期以来对火存在着曲解和错误的认识。

《火焰世：一部火与人类的文明史》（以下简称为《火焰世》）就是一本难得的关于火的书。该书由亚利桑那州立大学的名誉教授斯蒂芬 • J. 派恩所著。派恩经过大量研究，深入人类史，运用地质学、生物学、生态学等各方面的知识对火进行了透彻的调查，让人们认识到当前对火的一些严重误解，并提出了独特的火观念。作者认为，人类与火，相伴相生，共同演化。在漫长的历史长河中，火为人类带来了光明、温暖、食物，也助推了人类文明的发展。然而，在近代工业化进程中，人类对火的滥用，引发了一系列生态危机，也迫使我们重新审视人与火的关系。本书讲述了人类与火之间一段颠覆性的交锋与责任。派恩指出，人类之所以能够成为地球的主宰，离不开火的帮助。然而，工业化进程的加速导致人类对火的利用也越来越肆无忌惮。我们开始燃烧化石燃料，产生大量的温室气体，致使全球气候变暖；我们开始滥砍滥伐，森林面积锐减，生态系统遭到破坏。这些人为因素带来的火灾，已成为全球性问题。根据联合国的数据，每年全球约有 4000 万公顷的森林被烧毁，其中约有 20% 是由人类活动引起的。火灾不仅造成了巨大的经济损失，还造成了空气污染、水污染、生物多样性丧失等一系列生态问题。通过深入的考察和理论论证，派恩提出，人类实际上已经进入了火的纪元。在这一新时代，火不再是人类的朋友，而是成了人类的威胁。我们必须重新定位人与火的关系，以可持续的方式利用火，避免火灾带来的灾难。

派恩从考古学和地质学历史出发，将火放置在漫长的宇宙时间中加以考察。他发现，前工业化和原住民社会，在使用火时大多遵循着广泛的生态限制。例如，他们会在特定的季节和时间燃烧森林，以促进植物生长和动物繁殖。这种人火关系是相对稳定的。然而，当人们开始燃烧化石生物质，这种古老的人火关系便被打破了。化石燃料蕴含着巨大的能量，可以持续燃烧，导致了人类火力的无限增强。火灾引发的气候变化，将影响全球，进入一个新的地质时代。更新世让位于新的火纪元。派恩借鉴人类世的概念，将我们所处的时代称为“火焰世”——一个火焰主宰的时代。

派恩是当之无愧的火历史学家，曾担任大峡谷国家公园消防员长达 15 年，并撰写了约 35 本书，大部分与火及其历史有关。他于 2015 年发表于《万古》杂志的一篇文章中创造了“火焰世”一词，并非严格定义一个新的地质年代，而是作为一种方便他整理人类与火漫长历史思绪的捷径。他将本书称为“一篇阐释性散文，或是有理有据的类比，而非学术专著”。换言之，这是一本思想之书，而非数据之书。这本书提出了令人耳目一新的观点，其中有三点尤为突出。

首先，派恩区分了三种火。第一种是自然之火，历史可以追溯到 4.2 亿年前。化石木炭的研究表明，早在植物登陆陆地之时，闪电就点燃了第一簇火苗。第二种是人类所放的火，由我们的古人类祖先掌控。这种火是人类的第一个工具，它使我们能够烹饪食物，进而不断地进行文明的演化。人类所放的火是人类第一个驯服的自然对象，同时火也“驯服”了人类，因为它不像工具，无法被随意丢弃，直到下次需要之时再随时呼唤到身旁。火一旦点燃，就必须悉心照料。这种火，是美洲原住民和澳大利亚原住民等土著居民世代用来塑造他们所居住的景观的火。至于第三种火燃烧的是石质地貌，即推动我们从工业革命走向全球资本主义经济的化石燃料燃烧。

其次，就是“化石燃料之火”带来的巨大影响。派恩将其称为“燃烧转型”，即从燃烧生物景观到燃烧岩石景观的转变。两种火之间存在着一些显著差异。虽然“祖先之火”可以在没有人类的情况下存在，而人类则无法脱离火而生存，但“近代之火”颠覆了这种关系：人类可以没有它，但它无法脱离人类而旺盛生长。更重要的是，生物景观拥有生态边界和内部制衡机制。天气、季节和植物生长的周期意味着我们只能从景观中提取出有限的燃料。“岩石景观”通过开采而非生长，不存在这样的边界。它们的火不循环碳，而是向深度时间转移。世界上大多数煤炭储备都是在石炭纪形成的，这些资源静静地躺了大约 3 亿年。而那些 5000 万年植物生长期的化石残骸，则储存着足以超越当今生态承载力的碳，从而导致人为气候变化。

最后，“火焰世”的转变带来了深远的影响。裸露的火焰从我们的日常生活中消失了，工业改造将火塞进了机器。昔日哲学和知识探索的核心主题，如今被分割成不同的学科领域。

燃烧归于化学，热能归于机械工程，光线归于电磁学。在乡村，农民渴望火带来的生态益处，却又不想要真正的火焰。营养来自人工肥料，而非燃烧的植被；杂草和害虫不是被火烟清除，而是被拖拉机和化学品消灭。工业化农业的目标则是选择和模仿那些能实现最大化产量的火过程，使农场更像工厂。野火被不惜一切代价扑灭，讽刺的是，我们用汽油驱动的机器——消防车、水泵、直升机和推土机——与火对抗，仿佛是“用火灭火”。这种灾难性的政策导致了几十年来易燃物不断堆积，最终引发了更加猛烈的火灾。派恩称之为“第三种火”，这种火重塑了景观并动摇了气候，还与其他火种相互勾结。例如，在过去的两个世纪里，工业燃烧参与了火的竞争，人类尽可能寻找技术替代品，在所有地方尽可能压制露天火。

直到 20 世纪 50 年代，火生态学作为一门独立学科诞生，我们的思维才慢慢改变，有控制的燃烧才成为一种可接受的管理工具。派恩主张在未来的解决方案中纳入传统的生态知识。当今地球混乱的火格局，不仅是肆虐野火刻下的印记，更隐藏着历史中缺失的火焰。那些曾经由自然或人类点燃，成为景观进化一部分的火，如今已在沉默中消逝。土地失去了昔日伙伴，生态退化，可燃物积攒，酝酿着更加凶猛的野火爆发。因此，地球的火灾危机，并不仅仅关乎摧毁乡野、威胁城镇的熊熊烈焰，而是包含了“良火”消失带来的深刻影响。生物群落的解体，既来自狂暴野火的侵袭，也来自驯服之火的缺席。

这场地球之火的三角舞延伸向了深度时间，超越了当下存在的和缺失的火。它的燃料并非来自鲜活的生物质，而是来自沉睡的岩石质。人类正以愈演愈烈的狂热，燃烧着化石燃料，从地质的过去索取燃料，在当今点燃，引发出复杂而未知的相互作用，并将燃烧后的废物抛入地质的未来。工业燃烧重塑了地球火力的脉络。化石燃料的燃烧成为催化剂、助推器，同时通过破坏大气层成为全球化因素。这使得地球上几乎任何角落都无法逃脱火的辐射。

生物景观和岩石景观的燃烧辩证关系，解释了地球当代火灾场景的大部分矛盾。第一个矛盾是，我们越是试图将火从与火共同进化的场所移除，火就越有可能在未来猛烈回归。如果没有汽油驱动的机器（从直升机到便携式水泵）提供的反作用力，人类就没有能力将火完全排除于景观之外。第二个矛盾是，尽管野火频频登上新闻头条，但整个被燃烧的土地面积实际上在缩小。化石燃料社会找到了火的替代品，将火从景观中移除或压制。第三个矛盾是，随着我们减少化石燃料燃烧，我们将不得不增加对生物景观的燃烧。我们面临着火灾赤字，许多景观无法适应正在发生的变化。我们需要使火灾景观更加强健，以应对即将到来的挑战。

《火焰世》的作者派恩是一位不同寻常的人。他 12 岁的时候感染了链球菌，肾脏和心脏中留下了病根，在中学时代成为一名残疾人。高中毕业后他在大峡谷国家公园找了一份工作，在北缘消防队当消防员，一干就是 15 年，而他对火的热情就是从这里开始的，并一直在过去的 40 年里熊熊燃烧。在此期间，派恩从斯坦福大学获得学士学位，又从得克萨斯大学（奥斯汀分校）获得硕士和博士学位，但在 1976 年获得博士学位后的 4 年里，一直被学术机构拒之门外，因为他对环境维权运动的投入使得他无法在联邦消防机构获得长期工作机会。后来，派恩说服美国森林管理局资助了他的一个研究项目，旨在调查美国在火灾方面的历史经验。作为条件，森林管理局的要求他无薪无福利地工作。派恩欣然答应，将学到的学术知识应用到最能激发想象力的课题之上。自 1985 年以来，他一直在亚利桑那州立大学任教。1999 年，他调往生命科学学院任教，直至 2018 年年底退休。

派恩出版了 40 多本专著，其中大部分涉及火灾问题，也有关于南极洲、大峡谷和更新世研究的一些著作。他的火灾历史调查包括美国、澳大利亚、加拿大、欧洲等全球各地。其著作《冰雪奇缘：南极之旅》入选《纽约时报》“1987 年 10 本最佳书籍”。《美国的火灾：荒野和乡村火灾文化史》赢得了“森林历史学会最佳图书奖”。他两次获得美国国家人文研究中心（NEH）的嘉奖，并成为该机构研究员。1995 年，他因对美国文学的贡献而获得《洛杉矶时报》的“罗伯特·基尔希奖”。

翻译这样的一本书并非易事。首先，这本书可以说是上通天文，下晓地理，内容涵盖地质学、生物学、生态学等多门学科，对于译者而言，是一种挑战。无论是地质学还是生态学，对于理解我们所居住的行星以及发生在这里的各种现象至关重要。准确把握原文内容的必要性，这是毋庸置疑的，译者在传播科普知识的过程中肩负着重要的使命。同时，要认识到，译者实际上是站在学科的前沿，发挥着知识桥梁和媒介的作用，因此这是一个神圣的使命。正是因为译者的特殊地位和责任，翻译才成为一门重要的学问。毫不夸张地说，译者在知识传播的过程中，甚至可以起到决定性作用，在很大程度上奠定了一门知识体系及其概念在另一文化和社会中的基本格局。在中外传播史上，有太多这样的例子，有成功的，也有失败的，还有翻译不到位导致造成后世无法更改的问题。比如，在音乐翻译中，vibrato、trill、tremolo 全部被翻译为“颤音”，却无法区分三者之间的细微差异，造成实际使用中的无奈和混乱。而 laser 一词进入中国之后，有人翻译成“镭射”，也有人翻译成“激光”，但最终，还是“激光”更胜一筹，“镭射”在中国大陆基本上已经没有人使用了。又比如，“几何”一词在中国已经家喻户晓，很少有人意识到，它是由英文 geometry 翻译而来。第一个接触 geometry 的，当属明朝数学家徐光启，他在和意大利传教士利玛窦共同翻译《几何原本》的时候，就巧妙地分析希腊语词根 -geo（表示“大地”）的读音以及拉丁语词根 -metry（表示“测量”）的含义，将音与义结合在一起，翻译出了这个流传千古的学科名，这不可谓不是功在千秋了。

翻译任何一本书，都要面对其涉及的学科所具备的独特而复杂的术语和概念体系。这些术语在不同语言之间可能没有对应词汇，或者难以精确翻译，因此，翻译者需要具备扎实的知识背景和素养以及灵活的思维。《火焰世》的特点就是，它显示出作者丰富的地质学、生物学、生态学知识，因此在翻译过程中，译者必须准确传达一些关键概念，并保持术语的一致性、可用性、易懂性。

本书翻译过程中，一个最突出的问题就是书名中的Pyrocene一词。作者运用这个词汇描述了当前人类正经历的特殊的地球时代，即用火的时代。一百万年前，人类点燃了第一束火，从此，火光照亮了我们的文明之路。它锻造武器，烹饪食物，开垦土地，成为人类文明进步的强大助力。然而，当燃烧的化石燃料成为气候危机的帮凶时，有些人开始担忧火的力量变质，走向毁灭。作者提出，自从人类开始点燃火把之时，就已经使地球地貌发生了剧烈变化，而到了工业革命之后，火的大规模使用造成气候问题，改变生态环境，甚至破坏了自然生态。派恩提出，人类使用火的历程应当被视为地球历史上的一个重大阶段，并用Pyrocene来表示这一影响地球和人类文明的重要地球历史阶段。

对于Pyrocene一词，我们首先想到的翻译就是“火时代”。按理，这个译文未尝不可，但是似乎又缺乏一些历史的“厚重感”和学术的“严谨性”。同时，原书副标题中有“火的时代”（age of fire）这样的表述，即对Pyrocene一词的直接阐释，显然，“火的时代”无法取代专有术语的地位，“时代”这一表述也显得不够“专业”，很有必要选择一个更加“上档次”的词汇。我们还想到了“火纪元”，而且网络上这样的表达也随处可见。

但是仔细斟酌，就会发现，“纪元”的核心概念并不准确，并不能以人类用火的第一日开始算作真正的“纪元”，因为“纪元”是一个历法学的词汇。“火纪元”是因人类对地球的影响而提出的地质年代，其起始时间仍有争议，从1.5万年前到20世纪 60年代不等，这也增添了确定火纪元起始时间的难度。

深入理解Pyrocene的内涵，还要回到词源分析本身。Pyrocene由两个部分组成，pyro-意为“火”，而-cene是地质年代划分的后缀（表示“新”）。如前所述，这个命名实际上是本书作者独创的一个词语，它沿袭了地质学中“中新世”等词汇的命名方式。现有地质学词汇中有许多类似的概念，如Holocene（全新世）、Pleistocene（更新世）、Pliocene（上新世）、Miocene（中新世）、Oligocene（渐新世）、Eocene（始新世）、Paleocene（古新世）等。针对Pyrocene的词源和构成，我们想到了如“新火世”“火新世”这两个表达。这两个表达无论从内涵还是表述上，无疑都是非常精确的。然而，事实并不那么简单，因为在任何一个学科或者知识领域内，概念的提出应当具有系统性、一致性，必须通盘考虑其他相关的结构性知识和概念，这是翻译所要处理的更深层的问题。

事实上，在Pyrocene之前，还有一个重要的概念不得不提，那就是 Anthropocene，而派恩在书中也提到了这一概念，并做出了论述。Anthropocene 目前的通行翻译是“人类世”，这个词自 2000 年以来逐渐流行，并越来越多地见之于环境科学、地球科学以及社会和人文学科的各种期刊文章和书籍。国际地层委员会第四纪地层分委员会的人类世工作组（Anthropocene Working Group）也正在推进将“人类世”作为一个正式地质年代单位加以确立。实际上，Anthropocene 和派恩的 Pyrocene 一样，本质上并非地质活动，只是用来表示人类活动对地球环境造成的极为深远的影响。正因如此，学术界对此争议极大。

“人类世”很早就出现在各类文章中，如古湖泊生态学家尤金 • F. 斯托默在 1980 年代初就用“人类世”来隐喻人类活动对地球的巨大影响，但直到 2000 年因研究极地臭氧层空洞而获得诺贝尔奖的大气化学家保罗 • J. 克鲁岑和这个英文词的原创者才明确指出，由于人类活动已经对地球系统造成了不可逆转的变化，因此他们提出把“人类世”确立为一个新的地质时期。此后，“人类世”一词频繁“亮相”，引起了学界的关注，不仅影响到自然科学，还延伸到社会科学、人文科学等不同领域。近 10 年来出版的题目中包含 Anthropocene 一词的专著数量恐怕已经无法统计，还有大量书籍涉及社会和人文科学。例如，杰里米·戴维斯所著《人类世的诞生》就结合地球地质史、环境史、生态学、考古学和人类学，从环境人文学角度诠释了“人类世”的含义。此外，人类世的应用范围也扩展到大众媒体，涉及人类健康、社会和政治、经济学等诸多领域。

“人类世”的译文出自何处已经不可考。然而，不可忽视的是，这个词汇已经成为当前热度最高的术语之一，并进入了大众视野。分析其词源，可以看到，Anthropocene 包括两个部分，anthropo-（人类）和 -cene（新）。但是这个词汇并没有翻译成“人新世”或“新人世”，究其原因大概有二：一是“人新世”或“新人世”似乎突出新生人类的意味，会产生歧义；二是 Anthropocene 本质上的确不属于地质年代，似乎也没有必要和先前确定的地质词汇完全一致。同理，Pyrocene 的提出要晚于 Anthropocene，同样表示人类对地球造成的影响，因此，应该保持和 Anthropocene 在内涵上的一致，而不是模仿更早的地质术语。再加上作者多次提出，本书并不是要以学术为目的建立一套学术概念体系，而是借助对美国自然火和人类用火的研究让人们注意到火的影响和未来。基于这一原因，笔者认为，为保持和“人类世”的一致，不若把 Pyrocene 译为“火焰世”，从字面上看要比“火新世”这样的译文更加直观易懂。

实际上，译为“火焰世”或许也更符合当前的话语语境。因为从学科一致性角度来讲，除了要考虑 Anthropocene 这一重要概念，还有其他一系列概念必须考虑和借鉴。在“人类世”提出不久之后，又有不少学者提出了不同的说法。当代哲学家布列蒂认为，“人类世”不能反映社会的复杂性，而应当用更能反映时代特点的“资本世”（Capitalocene）取代之，她强调资本运作对人类社会和地球命运的重大影响。另一位女性哲学家，唐娜·哈拉维在 2014 年的一次演讲中，则提出了“克苏鲁世”（Chthulucene，有人译为“克苏鲁纪”）的概念。Chthulucene 中的词根 -chthul 来自希腊语，表示“土地”，但哈拉维的概念借用自美国奇幻作家 H. P. 洛夫克拉夫特作品中的一个怪物的名字，它长着章鱼头、人身，背上有蝙蝠翅膀。哈拉维用这个概念来表现一种超越人类中心主义的思辨方式及世界观，以“怪物”来抗衡人类“文明”制造的丑事。显然，哈拉维以“克苏鲁世”来命名取代“资本世”，是要对“人和资本的独裁”发出挑战。除此之外，还有科技哲学家斯蒂格勒提出的“熵世”（Entropocene）和“负人类世”（Neganthropocene）等一系列概念，都是对当前人类世纪的深入探讨。在所有这些散发出思想活力的新颖概念中，大量的词汇实际上还没有定性，还没有走进大众话语中，仍然在极小的圈子内流行，怎样翻译这些词汇自然也是非常棘手的问题。但是，从目前这些词汇的翻译现状来看，它们的共有词根 -cene 已经不再严格考虑其希腊语的本义，而变成了另一个用以表示地球历史年代的体系性命名方式，而且这一趋势越来越明显。

回到本书书名的翻译上来，实际上还有其他选项，如“火世”“燃火世”“生火世”“燧火世”“点火世”“造火世”“创火世”“用火世”等等，这些用词各有用意，侧重点不同，问题修辞色彩和应用范围也相异。但是，考虑到 Pyrocene 的学术性质，以及概念与当前学术语境的一致性，还要兼顾科普著作的特点，笔者最终将其译为“火焰世”。

除了书名的翻译，另一个较为棘手的问题是文学语言和学术语言的取舍。派恩在介绍本书出版情况时提到，他的目的是让大众更多地了解自然、生态和地球，无意进行深入的学术探讨。派恩本科阶段是在斯坦福大学专修英语文学，他的所有著作都贯彻了一致的原则，即把“文学、自然和历史融为一体，这大概是我个人的风格”。鉴于这种考虑，如果把译文语言一味地作为专业语汇处理显然是有悖作者初衷的。实际上，许多类似科普作品的翻译都存在这样的特点，即译者无视原著中存在的大量文学性修辞语言，往往会将这些表达“学术化”，从而破坏了作品的面貌和风格，使得语言枯燥生硬，这也是对学术本身的某些曲解。

在本书中，一个特殊的例子就是 living landscape 这一表达。这个表达看似简单，实则难以处理，因为语言的差异，很难用一个统一的词汇来表达不同的语境，更不能将之视为一个固定不变的“专有”术语来处理。在全文中，作者使用 living landscape 来表示人类生存或生活环境、动植物生长环境和包括岩石、树木等生物体在内的自然资源（尤其是碳存储）。重要的是，landscape 只是作者的一个比喻，并非要强调视觉上给人美感的风景，更不是一个生态学专业术语。因此，在一个通篇探讨使用自然火、采取应对策略的语境中，若译成“风景”，显然是不正确的。作者正是灵活地运用了 landscape 这个隐喻来增强原文的修辞色彩，因而是一种重要的措辞策略，译文中也完全是可以保留的。基于这一考虑，我们在不同的上文中做了灵活处理（如“生活环境”“生物景观”“生命景观”“栖局环境”等），这样既符合作者本意，也兼顾了汉语的语言习惯。

本书的翻译由丁林棚、李佳芮、陈海共同完成。除翻译本书部分章节外，丁林棚还负责全书的统稿、审校和修改工作。在《火焰世》的翻译过程中，我们几易其稿，经过反复的琢磨和修改，最终可以附梓。本书的翻译得到了北京大学 MTI 教育中心和中译出版社的大力支持，在此一并表示感谢！我们希望能够通过这样一部独特的作品，让更多的人认识自然，认识地球，并认识人类在宇宙中的真正地位和作用。

2023 年 12 月 15 日于燕园

前　言

三类火之间

火似乎无处不在。

但凡野火频发的地方，如澳大利亚、加利福尼亚和西伯利亚，火的范围和烈度均达到了史无前例的规模。2009 年，在澳大利亚发生的“黑色星期六火灾”创下了一次性火灾的新纪录，而 2019—2020 年的“黑色夏季火灾”整整烧了一个季度，打破了此前的纪录。在加利福尼亚，大火接连不断，已经进入第 4 个年头，火势愈“烧”愈烈，不断创下新纪录。火灾如同瘟疫一般蔓延到俄勒冈州和华盛顿州，跨过大陆分水岭，吞噬科罗拉多州落基山脉。西伯利亚的野火向北蔓延，一直燃烧到了北极圈外。平时不易发生火灾的地方，或者只在个别区域有零星火灾的地方，如今也烧起了大范围的野火——南美洲中部的潘塔纳尔湿地爆发了火灾，亚马孙河流域也出现了20年来最严重的的火灾季节。火焰没有烧及之处，也是浓烟滚滚。澳大利亚火灾导致的浓烟笼罩了整个地球。在美国西海岸，大火过后，烟尘扩散半壁国土。大火带来的重创，影响甚广，所到之处满目疮痍，正如20世纪30年代的沙尘暴那样，给人们留下了阴影。日间，浓烟淹没了次大陆；夜里，火光如同一条烈焰星河穿行在大地上。而看不到火焰的地方，则是灯火通明的城市以及从火炬中喷出火焰的油气田——煤和石油通过燃烧转化为电力。目睹这种景象，许多人感觉，这简直就是大灾变的前兆，就连格陵兰岛也燃起了熊熊火焰。

浓烟与烈焰只是一种病症而已，还算不上综合征。地球这种毫无规律的火情地理学成因，同样来自那些本应延续至今却销声匿迹的大火。这些大火曾在历史上燃烧过，它们要么是自然之火，要么是人为引起，而且地貌已经适应了它们的塑造作用。如今这些大火已然退去，造成的后果是生态退化，同时积累了大量可燃物，并引发更多、更猛烈的野火。换句话说，地球的火危机说的不只是那些在城镇里横冲直撞、把乡村变成一片废墟的危害性火灾，也包括那些被人类主动扑灭而销声匿迹或者无法再次点燃的有益之火。地球生物群的崩解不仅因为野火的屡屡爆发，也由于温驯之火的缺失。2013 年，平肖特保护研究所调查了美国的森林状况，对未来趋势进行了研究，并发布了调查结果《人类世的森林保护》——这是许多专家的集体智慧结晶，包括对植物、水、空气、土壤和野生动物进行的全面生态扫描。其中，每项学科研究都包括一个共同元素（不同研究的汇聚点）——火灾。地表面貌瞬息万变，火贯穿于其他一切进程。如果不能正确理解火，就无法理解其他一切。[1]

地球的火三角结构还存在第三个方面，我们要看到的不只是当前存在和缺失的火，还要看到深度时间，其燃烧物并非来自有生命的生物质，而是来自石质。人类燃烧化石燃料的行为愈演愈烈。他们从古老的地层中获取燃料，在当前的时间中借助复杂（且难以理解的）的交互反应进行燃烧，然后将剩余物排放到未来的地层。工业燃烧重组了地球上的火系统。简而言之，化石燃料的燃烧起到了助燃、增效和普及全球的作用。它使得地球上没有什么地方可以不被火影响。

燃烧生物景观和燃烧石质景观，这两者间的辩证关系解释了地球火场上的大部分矛盾现象。矛盾之一：我们越是试图把火从随之共同进化的地方上清除，火的反扑就越是猛烈。如果没有汽油驱动的机器（从直升机到轻便泵）提供的反作用力，人们恐怕一开始就不会再在消除火灾方面耗费精力了。矛盾之二：虽然野火引起越来越多媒体的关注，但实际被大火焚烧的土地总面积在减少。将化石燃料作为能源的社会开始寻找火的替代物，并力图消除或限制生物和石质景观中的火。加利福尼亚州在2020年有420万英亩（1英亩≈4046.86平方米）土地被烧；而在前工业时代，这一数字可能会超过1000万英亩，尽管这并非野火集中爆发的结果。矛盾之三：随着化石燃料的使用逐渐减少，人类不得不增加生物景观的燃烧。这样便形成了火赤字。为应对即将到来的情况，我们需要使火燃烧得更健康，而这可能是最可靠的方法。[2]

把所有这些火的影响加起来——包括来自火焰的直接影响以及烟雾、已消除的火、经过火催化的土地再利用和气候变暖带来的间接影响——我们就能看到地球火时代的大致轮廓了，它相当于有火的冰河时代，这便是火焰世。

火焰世是什么?

火焰世为我们提供了一个以火为中心的视角来看待人类对地球的塑造过程。它根据人类的重要生态标志，也就是我们操纵火的能力，来重新命名并定义人类世。它提出了一种叙事模式——火和人类之间的长期联盟。它以类比的方式设想出一种未来——人类林林总总的用火实践正在创造一个新的火时代，其规模相当于更新世的冰河时代。火焰世的主线是火，它使我们能从侧面了解气候变化、第六次大灭绝、海洋化学和海平面的变化以及人类在地球上的存在特征。它以不一样的角度重述人类熟悉的故事，并提出以前被认为无足轻重的话题。就像火一样，火焰世吸纳了其周围的一切要素——地理的、历史的、制度的、思想的，其目的就是要探索可持续的未来。

火焰世所讲述的历史记载了三类火。第一类火是自然之火——在植物统治大陆时就出现的火。木炭化石最早可追溯到4.2亿年前。第二类火是人类所放的火。由于烹饪技术的出现，对火的依赖刻入人类的基因之中；上个冰河时代结束时的有利条件使得第二类火稳定地传播到人类所能到达的一切地方。这两类火相互竞争，扩张了火焰的总领地，以至于地球上很少有地方没有火的影子，包括冰雪覆盖的地方、干旱难忍的沙漠、潮湿的雨林。人类点燃的火和第一类火一样在生物景观中熊熊燃烧着，它们拥有共同的条件和限制。然而，第三类火在本质上与前两类火截然不同。

第三类火燃烧的是石质地貌，这类地貌不再受燃料、季节、太阳或干湿节律等生态的限制。可燃物的来源基本上什么都有，问题是把所有的燃烧剩余物放在哪里。第三类火不仅破坏了气候和生物群落，而且破坏了人类与火之间的关系。第二类火是一种驯化自然的行为，也许它本身就是驯化的典范，人类把野火变成了炉灶和火炬，就像把墨西哥蜀黍培植成了玉米、把欧洲野牛驯养成了奶牛一样。火和人互助着并共同向四处扩散。他们的关系中有一种根本的不平等，因为火可以没有人类而存在，人类却不能没有火。不过，两者都在共同的条件下运作。

第三类火使这种关系脱钩。人可以在没有火的情况下存在，但没有了人类，这类火就不能旺盛地燃烧。这种关系基于动力，不是火推动、利用、整合和加速的力量，而是经过提炼和机械化转换的火的强大力量。第二类火是一种人与火的相互的驯服，是一种伙伴关系。第三类火只是一种工具，它能够产生原始动力。

三类火相互竞争，互助互补，彼此合作——这是一个生态学上的三体问题。但在过去的一个世纪里，三类火之间的互动状况发生了变化。情况发生了逆转。原来的变阻器变成了一个切换开关。随着曾经的驯良之火演变成野性之火，地球的火系统越过了一个顶点，进入了新的状态，且无法轻易逆转。地球上出现了太多的凶险之火、太少的驯良之火，燃烧的总量在激增，这种现象前所未有。这不仅仅使火与气候的间接关系被破坏，而且火在地球上的整体存在变得无法控制。人类林林总总的用火实践压倒了现有的生态障碍和壁垒。不知不觉中，人类创造了一个火的时代，但他们是否能居住在这个世界上，这个问题还没有清晰的答案。

未来似乎十分黯淡，前途难料，以至于一些人认为，过去如何，已经无所谓了。他们担心，我们正走向一个没有叙事、没有参照的未来。即将到来的动荡范围广大，难以料想，以至于连接过去和未来的知识弧发生了中断，难以为继。我们即将经历的一切无迹可寻，我们没有办法从先人积累的智慧中定位坐标，找到通往未来的未知通道。

然而，这种说法未免偏颇。火的过去就是现在的序幕，它给我们讲述叙事，提供参照。地球上曾经有一类火，后来有了两类，而现在有三类。这就是叙事。这三类火相互作用，正塑造着一个与更新世的冰河时代规模相当的火时代。而这就是我们的参照。自从上个冰河时期开始，我们一直在打造一个对火更友好的世界，最终产生了一个有火的世界。就像火本身一样，这个世界正呈现出一种自我催化的特性，使更多种类的火成为可能。以前冰河的扩张将地球推入冰河时代；同样，我们现在的狂欢化燃火正将地球推入火的时代。

我们已然创造了火焰世，而现在，我们必须在其中生存下去。

目录

CONTENTS

第一章　火行星：缓慢之火，迅捷之火，深度之火 …… 1

第二章　更新世 …… 37

第三章　火生物：生物景观 …… 63

第四章　火生物：石质景观 …… 103

第五章　火焰世 …… 139

尾　声　第六轮太阳 …… 187

后　记 …… 199

阅读文献推荐 …… 203

注　释 …… 213

第一章

火行星：缓慢之火，迅捷之火，深度之火

只有地球上有火，这个奇特的情况值得我们停下来想一想。在众多星球之中，火如同生命一般稀有；同样，地球上的火是生命世界的产物。海洋生物为地球提供了有氧环境，陆地生物为地球提供了可燃的烃类化合物。植物一扎根在陆地上，闪电便将其点燃，从此，它们便燃烧不止。

其他星球上也有一些氧气，其中最有代表性的当属火星。另一些星球则有可燃物，土星的卫星——泰坦星上就有甲烷气体，这类气态行星上都有闪电，但没有一个行星具备产生火的必要元素，即使有，也不具备组合在一起的条件。我们也许能在外星球上发现生命，发现火，甚至发现能使用火的智慧生物，但现在我们一无所知，即使真的有所发现，它们的距离是如此遥远，无法为我们提供任何参考价值。我们生活在唯一有火的星球上。在遥远的未来，我们如果访问另一个存在火的星球，那极有可能是乘着火焰羽流去的。

地球是如何产生火的？

地球上的火历史悠久，有其自己的叙事。曾经，火并不存在。很难想象，太阳喷薄的烈焰一度几乎将地球付之一炬，有朝一日却将不再炽烈地燃烧。那时，地球将失去其土地，释放大气中的氧气，结束引发闪电的陆地和大气间的电失衡，找到另一种方式将能量转化为陆生物质，将烃类化合物分子转化为能量。这一切在理论上是可行的，但在这个星球上不可能。

简而言之，火的历史就是陆生生物的历史。火进化或分化为新的种类和形式，汇入不断变化的生物群落中，重组为新的火焰地理状况，与其他元素紧密联系、不可分割。这一过程并非与生命的进化同步的独立进程，而是与其共同存在甚至共同进化。它们紧密依赖于彼此，近乎一种共生关系。火没有生命，但正因为生命产生并维持了火的存在，火便像病毒一样，拥有了许多生命的特性。它依靠生物质而存活，通过燃烧蔓延开来。“生命之火”绝非一个随意的比喻。

让我们从最古老的成分——闪电开始。实际上，地球上有许多火花，山崩、塌方、火山爆发、自燃和偶尔的流星都曾产生过火，但只有闪电才是导致火燃遍整个星球的原因。早在地球的远古时期，闪电就诞生了，并延续至今。闪电无时不有、无处不在，因此，火也就随处可见、自古有之而又无法避免。

闪电看起来变幻莫测。它并不十分均匀地分布于地球之上或穿越时空。闪电以集群的方式出现，集中于某一时间和空间，贴近于易受雷暴影响的地方。只有部分闪电能点燃火，即那些连接大地和云层而非连接云层和云层的闪电，那些击中可燃物而非岑岩或湖面的闪电，以及那些具有适宜的电属性、跳动着、充满热量的闪电。

火和闪电都凸显出干湿之间的复杂配置。暴风雨和闪电的生成需要湿度，但湿度过大会让火无法被点燃。燃料的生成也需要湿度，但湿度过大燃料便无法燃烧，过小则不易使火蔓延。雷暴密集的地区很难与闪电燃火盛行的地区相提并论（佛罗里达中部是个典型的例外）。无雨闪电，即雨蒸发了或从闪电中分离出来，能比有雨闪电产生更多的火。有雨闪电的火星想要留存下来，则需经过大雨的洗礼。

与闪电的数量相比，火相对较少。但如果条件允许，闪电能点燃大片的火。美国闪电火的中心在西南部，那里的干旱和季风、山脉和沙漠为无雨闪电创造了理想的条件。但即使在缺乏这样条件的地方，闪电火依然能够产生。在 1987 年的加州北部，突如其来的闪电引起了 4161 场大火，其中有 92 场蔓延面积达 300 多英亩。2008 年，闪电引起了近 3600 场大火，其中有 88 场蔓延面积超过 1000 英亩。2020 年，在创历史新高的热浪中，发生了一万多道闪电，引起了 400—500 场大火，这些大火大多环绕于海岸山脉。[1]

生命与闪电之间的互动是不平等的。闪电是一种地球物理现象，而非生命现象。植物会适应闪电，但闪电不会适应植物。在木星或天王星上，闪电很容易产生，就像在地球上那样。闪电能轻易地击中一座石灰岩悬崖，就像击中一棵黑云杉那样。除了非常间接的方式，似乎生命世界很少能影响自然界的放电现象。正如我们所见，相较于矮树，高大的树被电击的频率更高。闪电能够不依赖生命而存在；火却不能，因此它要参与到生命的进化当中。如果生命完全消失，闪电仍会继续存在，火却会消失。

火所需要的不仅是点燃，还有生命为其提供的另外两种因素，即氧气和燃料，它们结合在一起发生燃烧，在适当的条件下，就产生了火。海洋生物最先使空气中充满了氧气，陆地生物则使陆地上铺满了燃料。当生命世界的这两种产物与闪电的火花相碰撞，火便产生了。像火星那样的行星缺乏生命，不只是因为它们缺少适当的生命条件，恰恰相反，正是因为这些行星缺乏生命，才不具备那样的条件。

捕捉和驯服氧气的各种生物体在进化过程的后期才出现。最早的生命形式（在海洋中）是在无氧的环境下出现的；第一批进行光合作用的植物是厌氧的；如今，许多物种仍在缺氧环境中繁殖，如沼泽、湖泊和有氧区下面的海洋中。在深海中的地热地壳裂口周围，整个生态系统都以完全不同的化学方式运行。对这些生物来说，游离氧是有毒的。

然而，那时主要的生命形式最终都将氧气化患为利。它们捕捉、吸纳、驯服氧气以使之适应自身需求，这种方法为数百万年后人类所效法，展开与火的互动。他们不仅吸收氧气，同时也产生氧气。一场有机物与地质沉淀物之间的竞赛悄然展开。当生命进化出新的方式来释放氧气，岩石便演化出其他方式来吸收氧气。后来，在 23.5 亿—7 亿年前的所谓的大氧化事件期间，有机物击败了沉淀物，大气中的氧气开始增加并趋于稳定，有氧的光合作用和呼吸作用成了陆生生物的规范。过去的化学毒物演变成了生化过程的必备之物。在那之后，跨越了岁月的历史长河，经历了深度时间之后，地球大气的含氧量处于 14%—16% 到 30%—35% 之间。低于这个水平，生物质很难燃烧；高于这个水平，燃烧则很难停止。[2]

一个新的过程——燃烧——成为可能，进而无所不在。注意，燃烧的化学作用是一种生化作用，它发生在生物体内，通过生物创造的方式进行。在细胞内，一切反应都受到严格约束，以防止氧自由基产生破坏作用。然而，在不同地貌中，几乎没有什么是受限制的，一切因素都会引起火的反应——风和湿度会引起火的反应，季节交替、雨水和干旱会引起火的反应，地形差异（从峡谷到山脉）会引起火的反应，人类无法掌控的那些无以计数的生物质组合形式也会引起火的反应。

陆地上的生命需要想办法控制火，或者至少影响其特性，否则地球上的生长物可能会燃烧殆尽。氧气所遭遇的，火也遭遇了：一开始的潜在毒物成了常规事物，进而成了生命的必需品，甚至生命还要加强其存在。陆生生物和火在共同的生物母体中演化，它们相互依赖，并以一种奇怪的方式共存。简而言之，火不像风或洪水那样是强加于生命的东西，而是从生命的特性中生发出来的。

地球的大气层是一个燃烧的大气层，随时都在燃烧，但它也是燃烧的结果。詹姆斯·洛夫洛克有一句令人难忘的话，他说："把空气看作进入内燃机进气管的气体混合物（包含可燃气体、烃类化合物和氧气），这并不牵强。火星和金星的大气层就像废气，所有的能量都被消耗掉了。"这种相互依赖的本质不好理解，解答这个问题，一个有效的办法或许可以从这个问题开始——火是否影响了它燃烧的大气层——这一问题同样适用于火引发的其他一切。在塑造地球的过程中，火的快速燃烧与呼吸作用的缓慢燃烧有什么区别？自由燃烧的火是全球氧循环中的一个重要过程，还是仅仅是地球化学反应之后才想到的次要问题？通过调节碳元素含量，火是否也调节了氧元素含量？拥有更多木炭化石的地质时代，其氧气含量也较高；木炭含量少的地质时代，其氧气含量也较低。随着氧气含量的上升和下降，地球上快速燃烧的条件也在变化。[3]

历经了深度时间的燃烧之火具有怎样的属性？可以肯定的是，地球在过去和今天一样在燃烧，燃烧的是混合的火焰，其中一些在特定的时间闪耀，在其他时候则暗淡无光，但所有这些都取决于可燃烧生物质的性质。要使潮湿的原木燃烧，氧气含量必须大幅上升，而为了防止小而干燥的草着火，氧气含量必须大幅下降。不管火是如何依靠自然的反馈来塑造大气的，它似乎都是通过燃料来实现的。毕竟，通过光合作用向空气中输送氧气的植物，也是助长自由燃烧火焰的燃料。[4]

过不了多久，我们就会发现，这个问题就像一条自身缠绕的莫比乌斯环一样愈加复杂，而且不仅仅是氧气。对一个本质上不断互动和融合的现象即火来说，可能存在一种不可避免的循环，而这种属性对它来说或许不能算不合适的。

生命之火

火的生物构成具有根本作用，它会把光合作用组合在一起的东西分解开来。这个过程发生在细胞中时，我们称之为呼吸作用。此时，氧化作用发生在边界分明的特定分子之间，可以称之为缓慢燃烧。而这个过程发生在广阔世界时，氧化作用发生在本质上没有边际的环境中，其中包括粗糙的地形、汹涌的气团和不断进化的生物群，可以称之为迅捷燃烧。这些过程自从泥盆纪就已经开始了，持续了 4.2 亿年。我们不妨称之为深度燃烧。缓慢之火、迅捷之火、深度之火——它们都是地球上最基本的物质，就像流经山谷的水和覆盖在斜坡上的植被一样不可或缺。

以上说法似乎有些怪异，因为对生活在工业世界的城里人来说，火力来自机器。城市居民主要通过显示器虚拟地体验火，而不再使用火来从事日常工作，如照明、烹饪食物、取暖、让田地和牧场重返生机、抵御野火等。诚然，在人造环境中限制火的使用确有现实原因，但这里面也存在文化偏见。长期以来，欧洲的思想家一直认为使用火是一种耻辱，仿佛我们回到了原始社会，而欧洲的农学家则认为农业燃烧是一种蒙昧的迷信。就连“发达国家”一词也已成为一个代名词，专指那些已经不再使用明火，而是在取火设备内进行封闭燃烧的国家。这也许就是所谓的“眼不见，心不念”。

即便这些城市居民能够想象出火的样子，他们也会把它看作一个纯粹的物理过程。他们把火定义为烃类化合物的氧化作用——由其物理环境影响的一种化学事件。他们把火想象成一种可以用物理方式和化学方式分解的现象，然后植入炉子、蜡烛或熔炉等设备中。他们可以有光而无热，有热而无烟，有烟而无火，有火而无焰。他们可以生活在一个可能烧着火的环境中，但那时候要么是事故，要么是纵火，而且几乎总是被视为灾难。他们把火分解成各个组成部分，重新加以设计，以打造一个充满无火燃烧的世界。如果他们想到陆地上的火，则可能把它想象成另一种物理力量的作用，比如龙卷风、海啸或洪水。对他们来说，这是外界强加在地貌上的东西，生态系统可能会适应它，就像河道适应洪水一样，但生命对这种能量冲击不再有发言权，就像对火山爆发或地震没有发言权一样。

然而，火与其他灾难有本质上的区别，它来自生物景观，在这些地方，所有助燃因素都汇聚到一起。虽然生态科学在形式上把火视为一种事故，但这是一种建模的虚构，若说火是一种“事故”，那么雨也算是一种“事故”。就连火的化学也是一种生物化学，飓风和洪水可以不依托任何生物而发生，而火不能。它以生物母体为食来获取能量。它更像是一种动作敏捷的食草动物，而不是风暴或冰暴。火就像病毒一样，本身并不是活的，而是依靠有生命的世界来传播。我们常说流行病像野火一样蔓延，但说火像瘟疫——燃烧的传染病——一样蔓延，也同样有道理。

对我们称之为火的化学反应而言，闪电燃火贡献了最古老的力量，但在任何一个地方，它的分布都不均匀。其次登场的是氧气，氧气无处不在——在任何一个时代，在全球范围内都是如此。最后一种成分是燃料。生命必须离开海洋才能燃烧，而此刻燃烧便找到了新的栖息地。燃烧可以在有机体之间传播；迅捷燃烧，也就是火，可以与呼吸作用的缓慢燃烧竞争互补。陆地生物圈分解生物质的方式有三种：微生物、食草动物和火。这三种方式都依赖于燃烧的形式。在有生命的环境中，助燃因素都汇聚在一起。[5]

燃烧的复杂性呈指数级增长。氧化作用不仅以缓慢燃烧的形式发生在边界分明的特定细胞之间，还以快速燃烧的形式发生在本质上没有边际的环境中，其中包括粗糙的地面、汹涌的气团和不断进化的生物群。火是这种环境的综合体：它继承了周围一切事物的特征。是这些相互作用的部分，而不是任何单一的因素，促成了火的产生。

火随着生命的律动而变化。它随着生产者、消费者、分解者、捕食者和猎物、食草动物和草类的出现而出现，并随着它们的消失而消失，它在生命与灭绝擦身而过之际、在新的生命形式迸发之时演进。无论是在有机土壤中燃烧，还是在热带稀树草原上蔓延，或是在密集的灌木丛和针叶丛林的树冠中闪烁，火的姿态都不一样。它为生态条件和生命进化史提供了一个热度指标。那些无法接受它的物种，比如因无法容纳氧气而退居厌氧生态位的厌氧菌，注定只能在地球上的不可燃环境中偏安一隅。

然而，有许多地方、许多时段大概躲过了大火。火是一个挑三拣四的过程：它只在某段时空中零星发生。并不是所有的生物质都可以作为燃料，也不是所有可燃物都能在合适的时间和地点存在，刚好让闪电点燃。某个地方在某段时间内很容易错过大火。然而，如果火从地球上完全消失，那结果将是难以想象的。[6]

火拥有令人痴迷的生物属性，其原因在于火本身成了生物进化的过程。植物能够适应它的存在，而这一进化性适应过程又可能影响火的属性。如此直白地说，我们的理论就再简单不过了。有机体“适应火”就像它们“适应雨”一样。无论是面对火还是雨，它们所适应的都是火和水的不同模式。一棵树能在每月降水均匀的环境中茁壮成长，却无法适应相同的降水量均分到 3 个月的环境。同样，一棵树能适应几乎一年一次的地表焚烧，却无法忍受大火吞噬它的树冠。如同气候一样，火系统也是一套复杂的综合统计数据集，风暴之于气候，就如火灾之于火系统一样。[7]

生物适应火的种种方式反映了生物景观的复杂性。很少有适应过程是专门针对火进行的。生物体的一整套属性表明，它们所适应的是一系列压力。火已经存在很久了——它贯穿整个陆地生命的进化史——生物对火的适应与对其他环境的适应已合为一体。更耐人寻味的是，这些适应过程会有两种趋势。第一种，一些物种通过保护自己免受火焰的伤害来适应，例如借助厚厚的树皮，把花朵与种子藏在密叶的保护之下，或者在地下储备生命力量。

草原就是一个典型的例子。例如草原上大部分生物质存储在地下，这样便可以帮助大须芒草抵御干旱、放牧和火灾；另外，由于火灾发生在干旱期，而食草动物又会被焚烧后的新生植物吸引来，这样一来，这种默契的相互适应就使得这三方面压力迎刃而解。（食草动物普遍喜欢进食新生植物，自古如此。甲龙类的一种食草动物——结节龙的胃化石里的内容表明，1.1 亿年前食草动物与火共存的生态格局早已存在。）[8]

然而，在与之相反的第二种趋势中，有些特征似乎确实是火所特有的，一些物种似乎依靠燃烧来获得竞争优势。就像加州矮槲丛中的柴火树（chamise），它们优先生长细小枝叶，增加活木质与死木质微粒的比例，调整季节性物候性能以适应干燥的闪电或大风，增加利于燃烧的化学成分，以此来提高自身的可燃性。因此，与植物面临的其他挑战相比，花果的延迟开放——闭合的锥体只有在高热（通常是燃烧）情况下才释放种子，使种子落到没有竞争对手的灰床上——

很难理解。然而，这种现象在黑云杉和黑松等北方针叶树中很常见，在南非凡波斯（fynbos）灌木林中的山龙眼中也很普遍。促进化学可燃性或依靠树冠火来繁殖，这种现象若不是植物对在劫难逃的大火所做出的矛盾性适应，则很难理解。

这样的特征似乎有违直觉，特别是对那些不需要日常用火的人以及居住地在设计上需要避火的人来说更是如此。现代城市设计的结构是为了禳火而非养火。生物景观则有所不同。比其他植物更迅速地燃烧，比周围的植物更早地燃烧，利于火以持续燃烧的方式聚集生长，帮助焚烧生物体——所有这些都可能促进植物未来生长，只要植物能利用热量和烟雾来刺激开花，从灰烬中更快地再生，或者在燃烧后的环境中比其竞争对手更茁壮地生长。这样的物种在可预期的时间内需要火。它们——以及它们所塑造的整个生态系统——实际上可能会因缺火而受到影响。

火与其环境一样复杂：类似的火可能有不同的起因。在19世纪的美国，大规模火灾的爆发是因为伐木后留下的残枝在大面积土地上堆积，人类的生火行为在乡村随处可见；而在21世纪的美国，特大火灾则是大自然对全球变暖的反应，全球变暖致使生物景观中充满了可燃物，而这些可燃物几十年未曾受到火的惠顾。同样，特定的焚烧规划可以通过多种途径实现，同样的燃火模式（如人们沿着旅行路线燃烧）可以在北方森林、草原、热带稀树草原或灌木丛中展现为不同的形式。

火究竟做些什么呢？它的动作既精确又普遍。它摇动身躯，烘烤一切。它解构生物质，并为燃烧释放的材料进行重新组合准备好条件。围绕火形成了一个生态三角，即一个生物质、物种和社区的循环。它改变着分子、有机体和生物景观。火消灭植物，打破生态结构，使分子飘移，改变物种，开放生态位，并在一段时间内重新规划能量和营养的流动。火扰动、加速、撕碎、重组一切，使物种恢复活力。它既激进又保守——激进是它粉碎现有的秩序，保守是它为该秩序的恢复创造条件。对大自然的运作来说，火是创造性破坏的最高典范。[9]

火不仅发生在岩石、风和水组成的物理环境中，也发生在生物母体中。燃料、氧气和火花交汇，形成生物景观。生物质整合了外部世界的大部分；火将生物质与其他一切整合在一起。火以生物质为生，雕琢它、消耗它、催化它，并完全依赖于它。通过这种既粗糙又精细的方式，火可以反过来形塑它的世界。

几个世纪以来，火的庆典活动往往对火（特别是人类手中的火）除恶扬善的能力进行礼赞。人们用火烧死女巫，烟熏牛群清除寄生虫，年轻的夫妇跃过火堆以祈生育。这种信仰也主导着冲积平原以外的大部分农业，这是一种应用火生态学的实践，依靠火的烟熏和施肥能力，驱赶微生物和竞争性植物，同时将无法以其他方式获取的烃类化合物转化为可用的营养物质。然而，人们认识到火的生态作用可谓姗姗来迟。直到20世纪50年代末，火灾生态学才有了一个名字，再过10年才有了一个学科的粗略轮廓。

由于以往的科学认定火具有破坏性和原始性，所以很少有人去认真研究火的复杂特性，而是记录火对他们所重视事物（如成熟的木材和有机土壤）的破坏作用。他们试图以不同的方式来理解火的行为，以便更好地控制它。对此持批评意见的人则以火的使用而非抑制为出发点，从记录传统文化景观中的火展开研究。在文化景观中，焚烧是一种生活方式，而不仅仅是一个生态过程。他们研究火与耐火松及易燃松、火与山核桃和橡树草原、火与高草草原、火与古老而珍贵的红杉之间的互动。他们观察到，从已经适应火的生物群落中消除火会带来不良后果。他们积累了足够的数据，对那些试图排斥火的主流管理模式提出质疑。所有这些都出现在熟悉的景观中，表现为我们所熟悉的形式。最后，许多成果都颠覆了人们先前的认识。

研究人员开始循序渐进地对火领域展开了更广泛的研究。他们发现，烟雾不能被简单地视为一种赘物，它实际上是大气中的一种活性成分，对许多植物来说是一种催生剂。他们发现，烟尘中散播着携带微生物的媒介，类似于洋流携带物种漂洋过海。他们意识到，对于那些没有直接暴露在阳光下的叶子，烟雾可以通过将阳光分散到叶片上来促进光合作用。他们发现，晚秋的烟雾通过给溪流降温可以帮助鲑鱼洄游，烟雾可以促使菠萝和草木开花，还可以使南非的稀树草原（比没有经过烟熏的草原）更旺盛地生长。他们了解到，木炭不仅仅是被风吹和雨淋的副产品，更是土壤的关键组成部分。火不是简单地挥发养分和焚烧土壤，而是通过生物炭使得一个地方更适合植物生长——就像在富于生物炭的亚马孙土地上一样，这些土地比缺乏生物炭的地方的生产力更高。他们发现，不同燃烧程度的大火和大范围土地焚烧的斑驳分布情况都可以促进生物的多样性。他们发现，开普敦周围的地生兰花在焚烧后48小时内蓬勃生长，落基山脉北部的黑松和北美短叶松在灼热的树冠火灾后会重新大量播撒树种。他们发现，火灾进入河流的烧蚀物是海洋中碳沉积的一个主要来源。他们懂得了火对地球碳循环的促进作用。越来越多关于火的研究证实了那些古代典礼所庆祝的内容。火摧毁一切并重建一切。它使物质循环，并焕发活力。它使生物摆脱昏睡状态，是一种普遍的生态催化剂。我们对火与地球上的生物群相互作用的认识广度，似乎只受限于我们的观察意愿。[10]

定义取决于目的。对必须管理火的机构来说，一个有用的分类方法是将生物群落分为依赖火型、对火敏感型以及不依赖火型。依赖火的生物群落非常适应火，由火来维持生存，如果失去火，生存就会受到影响。对火敏感的生物群落没有随着火的进化而进化，没有显示出独特的适应性，因而可能受到火的伤害（这通常是人类欺骗手段的产物）。不依赖火的生物群落能接受火——具有耐火性能，但它们的存续不需要火。有时我们也需要引入第四种类别，即受火影响型，以描述那些主要由于人类活动而似乎在对火敏感型和对火依赖型之间转变的生态系统。[11]

2002年，大自然保护协会、世界自然基金会和世界自然保护联盟（IUCN）之间的全球火合作项目采用这种分类法评估了全球生态区，认定46%为火依赖区、36%为火敏感区、18%为火独立区。总的来说，这项研究估计，84%的主要生境类型具有退化的火系统——火要么太多，要么太少，或者种类不对。此外，近几十年来，最新的火研究开始将以前的火敏感型（如橡树－山核桃林）归为火影响型，而且可能正在转变为火依赖型。随着人类越来越多的干预，将会出现更多的重新分类。[12]

火在本质上是后现代主义的：它的意义取决于语境。同时，我们越是寻找火的存在，我们的发现就越多。旧的理解方式要求解释火的存在；新的理解方式则要求解释它的缺位。

火的古史

地球有一个漫长的没有火的原始纪，然后，随着生命在海洋中出现，形成了一个有燃烧却没有火的地质纪。在4.5亿—4.2亿年前的某个时候，当生物爬上陆地时，生命的碎片毕剥作响，聚合在一起，其力量之大足以促成燃烧并使燃烧持续。燃烧演变成了火。而在这之前，火并不存在；之后，它几乎不可能不存在。[13]

第一个火化石证据出现在志留纪，大约在4.2亿年前，即大约最早的维管植物出现的时间。在整个泥盆纪（4.19亿—3.59亿年前），植物多样化了，并出现了第一批森林。有一段时间，木炭从沉积物地质记录中消失了，也许是由于燃料相对稀少，更可能是由于氧气的浓度低（15%—17%）。然而，地质记录中充满了被称为“不一致”的空隙，地层腐蚀消除了岩石记录，而木炭化石（fusain）的稀少可能只是火历史的不一致使然。不过，地球上的植被不断增加。大约在3.75亿年前，地球进入了一个全球变冷的时期，慢慢地从温室气候转向冰川气候，生物群落发生了变化，火随之而来。然而，总的来说，这是一个少火的世界，受限于可供燃烧的东西。

直至3.5亿年前，尽管冰川气候继续存在，但在有些地方，氧气增加，植被变得密集，这标志着一个由充沛的氧气和丰富的燃料滋养的多火世界开始了。火开始蔓延，火的势力范围不断扩大。那些古老的火是什么样的？简单地说，这些火就像它们赖以生存的燃料。它们燃过针叶树和被子植物，燃过热带沼泽，燃过高地灌木和树林。特别值得一提的是，它们随着已有细小燃料的沉积物而变化。但是，宾夕法尼亚纪或侏罗纪的细小燃料是什么样子？长针裸子植物直到古生代晚期才进化，落叶被子植物直到白垩纪晚期才进化，草类直到中新世才进化。空气中的高含氧量使昆虫能够膨胀到巨大的尺寸——有负鼠那么大的蜻蜓。火的情况也可能如此。

地质记录偏爱的是体型巨大和生命力顽强的事物，而不是微小易逝的事物。保存得最好的细小燃料是木炭化石中的燃料，它们被烧焦但没有被烧掉。就像庞贝古城被碳化的画卷一样，新技术能使我们读取越来越多的地质记录。早期的火在类似芦苇的裸蕨植物和羊齿类植物中燃烧，在曾经腐烂的沼泽中燃烧，因而这些生物群落成分十分丰富，常伴有马尾草、木质和软叶蕨类植物、高耸的石松植物以及螺纹像五月柱的栌木树。所有这些都可以在适当的条件下燃烧，有些也许可以维持火势的蔓延。今天存在的类似生物也能很好地燃烧：虽然棕榈树像甩掉雨滴一样甩掉火苗，蕨类植物却能随风传播火焰。因干旱而枯涸的沼泽地很容易重新填满燃烧的灰烬。然而，尽管它们是易燃的，但这种古老的生物群落可能与今天可识别的野火没有更多的关系，就像表皮松与黑松，或者裸蕨植物与高草草原之间没有多少关系一样。[14]

虽然火焚毁了不少，但也有很多被掩埋了起来。地质沉积层填充了大片生物质化石，密西西比世和宾夕法尼亚世的煤层就是典型例子。然而，即便在这里，地质史也能证明火的存在。木炭填充了宾夕法尼亚世 2%—13% 的煤层（在北海的海洋沉积中，丝炭被认为是“最常见的植物化石保存形式”）。燃烧对生物群落的塑造作用，大概就像生物群落对火的塑造作用一样。然而，按今天的标准，火循环已经失去了平衡。源燃料量远远超过了火沉积量，生产成分的生成速度领先于分解成分的速度，燃料的堆积速度超过了被火焚烧的速度。从物种进化圈中演化出一种可以点燃火种的生物，扮演平衡燃料和火的中介角色，这并非不可能。至少这种生物能够传播火种，就像今天生存在澳大利亚北部稀树草原上的猛禽一样，尽管这样一只舞火的迅猛龙可能会变成令人胆战心惊的蜥蜴。可是，目前还没有证据表明发生过这样的情况。

火的记录在地层中发生了严重断裂，反映出物种灭绝的大规模发生，这些事件对燃料和氧气都产生了影响。在 2.5 亿年前，即二叠纪和三叠纪的交界时期，也许 90% 的生命都终结了，包括海洋和陆地生命。生命几乎消亡，火也随之消亡。直到三叠纪晚期，火才重新熊熊燃烧起来。在三叠纪与侏罗纪交界时期（2 亿年前），火又一次熄灭。之后，有大量的生物群落又燃起旺盛的火，火才得以重生。白垩纪时期，地球因温室气候成为一个多火的世界。当时的氧气浓度可能很高，植物群见证了被子植物（开花植物）的传播，极地的冰已经消失。当时有蕨类草原、针叶林、落叶林、恐龙、大量的木炭化石。这个时代以另一个灭绝事件结束，标志着向第三纪（0.66 亿年前）的过渡，这个事件以奇克苏鲁布的流星撞击最为出名。撞击引发的燃烧规模尚不清楚。当解体的流星颗粒像冰雹一样落下时，一道道闪电之火从天空中划过，大火给整个地球带来创伤，不过也留下了许多未来的燃料——这便是宇宙刀耕火种的一个例子。因此，虽然火在白垩纪–第三纪（K–T）大灭绝事件中继续存在——木炭就是强有力的证明——但其属性一定有所改变，就像植物和动物的特性也发生了改变一样。可以这样说，恐龙之火被哺乳动物的火取代了。[15]

到了第三纪，沉积层中的木炭部分已经下降到 1% 以下。氧气浓度已经稳定下来，接近于现代值，而不再是构成火的变量中的主要考虑因素（今天的火是在化学属性不太活跃的大气中燃烧的，其活跃程度比石炭纪以来的任何时候都要低）。气候和生物进化占据了突出地位。然而，古新世 – 始新世极热事件，即大约 0.56 亿年前发生的全球变暖的强烈震荡，并没有留下丰富的木炭记录。是否有什么东西抑制了燃烧，或者燃烧的证据尚未被发现，目前还不清楚。但火的显著不在场是值得注意的。[16]

对作为火行星的地球来说，这一时期有两个事件非常突出，分别代表了这一星球上火的两个极性。一个事件是热带雨林的出现，这里可不是普通火的领地。另一个事件是草类的出现，大部分草都很容易起火。特别值得注意的是，由碳四植物（C_4 植物，如玉米、甘蔗等）组成的稀树草原的出现，在光合作用中能够更有效地利用二氧化碳（在较低的大气水平下），也特别容易燃烧。一旦草类建立起根据地，“火与草的耦合系统”便蓬勃发展起来，并经常占主导地位。草类取代了传统的木炭来源。新的生物群落出现了，这有力地提醒我们，火的形成不仅仅源自物理因素，如气候、氧气、二氧化碳和惰性烃类化合物，还源自生命的反应过程及其衍生物对整个系统的反馈。一种新的生物体（如山羊草或帝王草）的到来可以不依赖氧气和气候而重新构建火系统。

简而言之，火的历史与地球的地质历史齐头并进。火生态的脾气难以琢磨，它是随其组成部分的坎坷演化而演化的。虽然火的核心化学成分一直保持不变，但它在不同地貌中的表现却随着氧气、气候、植物和动物的独特历史而变化。火的活力随着氧气浓度的高低而起伏，火的地理环境在冰室气候和温室气候之间更替。火随着一次次灾难的降临而轰然崩塌，这些灾难就是消灭或重组了陆生生物的大灭绝事件。生命在适应火的过程中总是蠢蠢欲动，不断发生着变化。木炭几乎不会进一步分解，因而保存着对生命的记录。火则亲自保存了自身的历史记录，它既是参与者又是记录员。

这就要谈到260万年前的故事。那是一个地球降温的时代——在上新世，地球开始变冷了。不过，在与其他因素的共同作用下，全球降温使地球回归冰室世界，并导致了拉锯式的冰冻——解冻周期的反复，这也成为更新世的决定性特征。更新世开启了另一次——第五次全球大灭绝，在这一时期，地球上大部分时间潮湿而阴冷，抑制了火的发生。然而，生物进化再次呈现出反作用力。人类降临世界，获得了操纵火的能力，当条件合适时，尤其最后一次冰川期盛极而衰时，他们开始重新定义火在地球上的作用，这意味着他们开始重新创造地球本身。

这是一段史诗般的历史，但关于这段历史的记录，其规模宏大而又不失细微，大体是以间接形式得以记载下来的。这一时期的植物主要保存在页岩和煤层中，由此为人类所知。二氧化碳和氧气水平是根据碳酸盐岩石和木炭的成分推断出来的。这对研究火的历史来说没有什么特别之处：地质史的整体性质就是如此，研究地质史就必须研究特定地点的岩石，就必须面对造成大段时间空缺的不一致现象，并通过研究氧气对燃烧的影响来推测空气中的含氧量，进而从各种关系中得出推论。对火的地质历史，只要我们有一点儿了解，都是令人赞叹的。

在人们的观察中，还有几个现象似乎很突出。一个是火的古老以及其本质上的自然性。只要一有条件，火就会出现，随着条件发生改变，火也跟着进化。就像地球在冰川和温室气候之间摇摆不定一样，它也在多火和少火的世界间不断更替。随着翼龙和梁龙的灭绝，过去的一些火已然熄灭，但迅捷燃烧一直在持续。

同样明显的是，正如在古生代的煤层中一样，在能够燃烧和实际燃烧过的事物之间可能存在着一个生物断层，这从大量存在的燃烧层和埋藏层生物质上便一目了然。这种断层的产生也许只是因为缺乏生物质——即缺乏物质，而不是缺乏燃料——因为气候缺乏适当的干湿节律来分解和烘干植被，或者因为不存在适当的动物来咀嚼和消化生物群落，使之能够燃烧，或者因为许多生物质在沼泽环境中无法氧化（以及燃烧）。还有一种解释也有较大的可能性——起火概率太随机了，且火的地理分布具有特殊性。燃料可能深藏在潮湿的角落和季节性的缝隙中，躲过了火的劫掠。地球缺乏一个火的中介，一个能够协调燃料供应和火焰需求的生物。这一地质时代巨大的碳储量说明，当时火燃量极度缺乏，最终对全球气候产生了影响，就像近现代在火的催化作用下造成的碳排放效果一样。

最简单的解释可能是，在自然之火中，并非所有要素都处于生物的掌控之下。缓慢燃烧很久以前就在地球生命的基因中留下了印记。然后，生命出现并掌控了燃火条件，使迅捷燃烧成为可能。在这之前，火只能零星地将燃料和氧气合成在一起，即便擦出闪亮的火花，也只是时大时小、摇摆不定。原始人类的到来填平了历史的鸿沟，他们能够熟练地操控火，第一次使燃火像空气一样稳定。而后，随着智人确立统治地位，他们为火焰备下了充足的燃料。事实上，他们的追求并不限于燃料的采集，还把他们想烧掉的东西种植到土壤中或者砍掉，甚至从古老的岩石上拔下更多的可燃物。[17]

大启蒙：火的黑暗时代

200 多万年来，人类一直在使用火——没有火就无法生存。他们在有火的地方繁衍生息，而在没有火的地方——如多石的沙漠、潮湿的雨林和缺乏干湿季节的阴凉森林中——挣扎奋斗。火的传说已经深入各种社会角色、规范、法律、仪式、典礼和实践中。他们的住所、社区、田地、牧场、猎场、果园、道路和灵歌之径中都有火的影子。他们用火来发动战争、庆祝和平。自始至终，他们都试图与火共存，孕育它、照顾它、训练它，讲述与它有关的神话，并围绕它讲述知道的几乎所有的故事。

然后，在欧洲的温带地区，随着启蒙运动的现代科学及其伴生技术的出现——如果要确定一个具体时间，不妨以安托万·拉瓦锡发现氧气为准——人类开始失去与火的联系。火不再是遍布自然界和人类社会的一种现象，也不再与人类形成交互关系，而仅仅成为一件工具，一个用于提升人类权力的器具。社会精英们决定，火必须被解构，被放入电器，或者随着煤炭成为主要燃料，升华为蒸汽。露天焚烧充满了迷信和魔法的气息，它被认为是危险和不必要的。科学将告诉人们该如何创造出火的替代品，或者在难以做到的情况下，如何简单地压制它。对于传统知识，他们也做出了同样的决定。火从朋友变成了敌人。燃烧再次成为人类借以获取知识的一条原则，但这次人类靠它获取不受限制的力量，用它来扰乱地球，其后果十分严重。

在所有关于火的故事中，欧洲对火的理解是最值得玩味的。地中海沿岸的欧洲人向来崇拜火，他们把火视为四大元素之一，在十二位奥林匹斯主神中选出两位（灶炉女神和火神）来纪念火，并把火作为科学和哲学的核心问题。民间广泛使用火。尽管官员和农学家对它持谨慎态度，但是由于地中海气候每年都有湿润和干燥的周期，而且会有不定时的干旱天气，火在生物景观中保持着旺盛的生命力。人类可以驯服火，但不能将它拒之门外。相比之下，欧洲的北温带地区没有自然燃火的基础，没有定期的干湿节律，没有干燥的闪电，没有干燥的山风。这样的一个地区在有火的星球上显得尤为异常。这里的火倒是有不少，但那只是因为人们在大地上燃起的火。人们使用火——为了让土地适合居住，他们除了使用火别无他法；然而，一心想着经济现代化的精英们则对它持怀疑态度，对它不屑一顾，并渴望有一个替代物。北欧最著名的火神是洛基，一个不可救药的骗子。

这一点很重要，因为地处温带的欧洲国家成了现代科学的中心，引领了欧洲帝国主义的第二次浪潮，这股浪潮在 18 世纪和 19 世纪蔓延开来，创造了一种新的燃烧方式，即燃烧化石燃料。这些国家想拥有火的实用性，不愿接受其难以控制、易变形的特点。他们希望用机器来驾驭它——希望抽取它的某些特定能力，而无须承担寻找燃料、呼吸浓烟和不间断监管火情的累赘和混乱。相比之下，精英们把发动机和熔炉中的火视为社会秩序和进步的标志，因为它的燃烧理性而温驯；而在田野和牧场中的火，则被视为迷信和混乱。有了工业燃烧作为替代，精英们认为火是野蛮人的遗物，并认为成功设计出一种替代品是理性的标志。与大多数民族一样，温带的欧洲人把自己和他们的生活景观当作规范。精英们将启蒙科学视为最高形式的认知，并将他们新的工业力量视为火的理想替代品，视为物理学（和还原论）对生物学（和综合论）的胜利。与大多数民族不同，温带的欧洲人有能力影响全球的火史。[18]

1848年，迈克尔·法拉第能够用一根蜡烛来说明现代科学的所有原则，他坚信听众对他的例子可以心领神会。但是，那时生产用火正在消失。先是煤炭取代了木材和蜡，成为动力和照明的来源，后来又出现了石油。一个世纪后，大学消防站的作用仅仅是在警报响起时派遣救险车辆。随着火从日常生活中淡出，精英们开始积极尝试将其从生活场景中移除。当煤层中发现燧石时，他们先是就其特性莫衷一是，然后坚称它不属于木炭化石（尽管查尔斯·莱尔持相反看法），于是将火从石质景观和地质历史中移除出去。火从生活经验和历史记录中消失了，仿佛是生物界的一个拼写错误或社会破坏行为，它的幸存被视为灾难和社会混乱。人们付出巨量的劳动和代价，不仅将火从城市和田野中移除，还将其从自然保护区和荒地中移除出去。[19]

直到20世纪50年代末，火才回归。1958年，汤姆·哈里斯发表了一篇论文，描述了英格兰中生代地层中的木炭化石。同年，由私人资助的乔木研究所获得了调查“火类型”地貌的许可。一年后，哈罗德·卢茨发表了一篇关于阿拉斯加火类型的报告，承认频发的闪电是点火源（受过教育的观察者能够如此长期地误读火现场，让人难以想象）。哈里斯的论文和乔木研究所提出的纲领都不属于既定的科学范畴——乔木研究所拒绝将其年度会议的论文提交给同行评审，理由是让任何著名的火科学家（大部分都是林务人员）评审论文就等于审查论文一样。直到20世纪60年代，火生态学才得以命名；到了20世纪70年代末，人们才认识到火的古老性和普遍性，并承认不遗余力地清除火是错误的；等到21世纪，随着特大火灾的出现和气候变化的扩散，火的存在才重新获得应有的重视和研究，不过它的许多表现形式仍然缺乏一个共同的组织原则。重现火的进化历程和文化史，是恢复驯良之火的一部分。[20]

火的传奇不同寻常。也许威廉·詹姆斯的话可以作为最好的解释：“只有当现实的朦胧感已经给我们造成印象，并趋同于相同的结论时，溢于言表的理性对我们来说才有说服力。深藏在我们内心深处的认同不需要理性，它是最直接的感觉，而言语的理性只不过是直觉的表层呈现。直觉先导，理性随行。”在猎人、拾荒者、农民和田园作家的感性生活中，火势必继续存在于他们的想象故事和对世界的解释中。同样，这也意味着北欧的知识分子——甚至（也许应该说，特别是）那些在启蒙运动的熊熊火焰中脱胎换骨的人，都认为火远非自然之物，因为地处温带的欧洲很少有自然之火，尤其是那些“脾性古怪”的火。不难理解，欧洲关于火的箴言警句表达的都是火的实用性及其社会关系：火是温顺的奴仆、邪恶的主人。火是社会混乱的象征和煽动者，最好被关进笼子并最终被取代。

这一切之所以重要，是因为种种关于火的传统信念总是挥之不去。与其他古老的元素不同，火仍然没有属于自己的学术领域，它是一个无家可归的家伙，在街头风餐露宿，在不同学科的庇护所之间徘徊。尽管火被安纳在机器中以实现机械工程的可控燃烧，但是火的根本生物特性依然难以捉摸，因而人们为它建了各种物理模型。就连用火之人也认为火只是一种工具，就像蜡烛或涡轮机一样。他们没有意识到，当一个滴液点火器把火焰喷在地上时，火就不再是一个物理装置，而蜕变成一个生态过程。今天，工业化社会带来的城市的种种便利和优越，使人们很少与火直接接触。火依然远离人们的生活经历。他们只是通过各种媒体来了解火，而媒体中的火常常非灾即乱；或者通过火的烟雾来了解它，而这样的火也是威胁公众健康的火。

甚至我们使用的语言也暴露出火的尴尬地位。火是隐喻的本源，却很少是隐喻的受体。我们说，传染病像野火一样蔓延，然而，换种说法或许更合适——火像传染病一样传播，它的余烬像一群蝗虫，它的火焰四处觅食，它的火柱在呼吸，它在地球的历史景观中游走，犹如熊在寻找浆果、蛴螬和鱼一样，随着季节的变化而游荡或冬眠，随着每年狩猎的差异变胖或变瘦。燃烧的选择性、零散性，其无规律的表现和经常看起来像随机的结果，这些特性可能从生物角度而不是物理角度阐释会更好。

尽管当代对火的生态学研究以及对其原始历史的揭示令人吃惊，但更令人吃惊的是前人对火的了解，而这些知识现在已经失传。当我们转向燃烧化石生物质时，其冲击力导致我们对火的遗产文化失忆。我们用丙烷加热器取代壁炉，用荧光照明取代吊灯，却对传统知识——以及我们对火在这种环境中如何工作的感知式理解——加以压制，并试图取而代之。就像送入发电厂的乌煤一样，火的过去在我们还不甚了解其内部构成的情况下就已经被烧得一干二净。关于火的悖论，也有其精神层面：启蒙时代变成了迅捷燃烧的黑暗时代。

第二章 更新世

1837年7月24日，在纳沙泰尔，瑞士自然科学学会的年轻主席路易斯·阿加西宣布，人类所处的一切环境证明了他所称的冰河时代（Eiszeit）的存在，这让听众感到震惊。不过他的具体陈述倒没有新奇之处。其他博物学家也都记录到留在坚硬花岗岩表面上的深痕、从原产地漂移到别处的巨石、堆积在河边却没有被水流冲刷归位的岩石和土壤，甚至当地的猎人和镇民也能借用距离这些远古活动迹象非常久远的冰川来解释地球上的一些奇特现象。近几个世纪以来，冰也一直在沿山谷往下流动；没有理由认为它在过去不是这样，也许移动得更远。阿加西证实了这些观察结果，他从一位同伴那里借用了“冰河时代”的术语，并提出了这个让当时的地质学这一年轻的学科感到震惊的理论，而地质学仅仅在此54年前左右才正式得名，学界对该领域碎片知识的理解也刚刚起步，这一理论后来让学界所知的地球年龄增长了百万倍。1840年，阿加西在《冰川研究》一书中对冰川进行了进一步阐释。正如他这本书所写，他对冰川扩散的认知范围扩大了很多。冰川流下的高山峡谷，遍布大陆的广阔区域。从某种程度上来说，挪亚大洪水成了冰川。[1]

像让·德·沙本帖和伊格纳斯·维乃兹这样的前辈

对阿加西的大胆推断感到震惊；地质学的元老，如利奥波特·冯·布赫、让·巴普蒂斯特·艾利·伯蒙，甚至亚历山大·冯·洪堡，都对其嗤之以鼻。然而，阿加西对冰封洪水的浪漫设想引起了公众的兴趣。年轻一代将他的声明变成了研究项目，并最终使之成为学界对地球历史上最近几个时代进行划分的重要原则。冰河时代，或者像后续深入研究结果所揭示的那样，连续的冰川将地球重塑为一个低温环境。没有被冰封或处在冰层之上的事物通过水、风、气温、海平面、动物灭绝和其他几十种连锁反应感受到了冰川的作用。海冰覆盖了南北冰洋，陆冰覆盖了北半球的大部分地区，土壤和空气中都有冰，而且似乎在未来还将持续。迟至 20 世纪 80 年代，人们一致认为，人类一直生活在两个冰川时代之间的平稳期，这是地球冰川节奏中一个被跳过的节拍。冰川终将重返人间，这是一条简单的、不可改变的数学和地球物理学规律。更新世为未来建立了一个模板。

确实如此，其方式却是把冰放到放大镜下，使之转化成了火。这场关于冰、人科动物和更新世的辩论成为当前对话的先导——即关于火、人类及其所塑造的时代之间关系的对话。到了 21 世纪初，类似阿加西教授的研究者开始整理能够证明火的普遍性的零散证据，并宣称火时代已经到来。事实证明，火的破坏力与冰一样广泛，而对火时代的历史认知，其争议性也如同冰河时代一样大。

更新世冰的形成

地球曾经在热和冷的时代中更替，忽而是温室时代，忽而是冷室时代，冰川期似乎和大规模物种灭绝的节奏不无类似。在最寒冷的一次冰河期，地球被称为“雪球地球”，冰层几乎覆盖了前寒武纪时期的整个地球，也许这样的地质活动在 6.5 亿年以前已经出现过多次。其他冰河期紧随其后——奥陶纪、石炭纪、二叠纪。最近的冰河期跨越了新生代，但在第四纪之前，即 260 万年前活动最为剧烈，其高潮的标志是一系列全球冰川的出现，这些冰川从更新世开始，并定义了更新世的整个时期。

更新世的冰期将许多地理和气候方面的线索交织在一起。冰川对地球的适应取决于它所接受的阳光的多少和强度、这种热量在全球的分布情况以及它与地形的相互作用。作为一个整体，地球会以同一种方式做出反应。但一个被分割成大小不一的海洋和大陆的地球，有深层（寒冷）和表面（温暖）的洋流，有平原和新崛起的山脉，这一切在发生变化的情况下，会有另一种反应，或者说有不同的反应，这些反应也在不断发生变化。德雷克海峡的形成将南美洲和南极洲一刀两断，巴拿马地峡将太平洋与大西洋隔开。喜马拉雅山脉抬升，产生了亚洲季风，加剧了空气的腐蚀作用，将碳埋藏于地下。火山运动喷出二氧化碳，这是一种长效致暖剂，而硫酸盐气溶胶则是一种短效冷却剂。大多数情况下，大气中的二氧化碳似乎减少了。

在冰室时代之前有一个温室时代，是有记录以来最极端的一个。始新世（560 万—339 万年前）开始时，温度最高，比今天的标准温度高 5—8℃（41—46℉），然后慢慢过渡到极寒时代。在上新世，大约 300 万年前，全球开始降温。这些综合效应放大了米兰科维奇周期的影响，该周期描述了地球如何摆动、倾斜和延伸其运行轨道。这三种运动特别值得注意。摆动指的是地球自转轴上的二分点前移，就像旋转的慢速陀螺一样，每 2.2 万年完成一次循环。倾斜指的是该轴相对于太阳的斜度或者方向上的变化，每 4 万年循环一次。延伸指的是地球围绕太阳旋转的椭圆轨道的偏心率，这种运动每 10 万年完成一次。这些运动一个接一个地影响着地球所接受的辐射热量。米兰科维奇周期调节地质时代，使地球在短期内发生冷暖交替。气温下降形成冰，而结冰期又延伸为冰河期。大约 258 万年前，第一次大冰期到来，这标志着更新世的开始。

究竟出现了多少次冰期？这个问题并无定论。根据记载，北半球大陆出现了 4 次冰期爆发，其间频频发生波动与扩张。研究者面临的困难是，每一次冰川的爆发都会抹去前一次的证据，因为新的冰层会擦除、涂抹和腐蚀先前的记录，让游走的巨石移位，并填平冰碛和坑洞。更大范围的冰面可以抹去较小范围的冰层标志。然而，这个过程并未出现在海洋中的沉积化石上。根据有孔虫的氧同位素含量测量结果，海洋沉积层捕捉到地质史上被遗漏的一些细节，并表明可能有 40 或 50 次冰期，而学者们普遍认为大约有 49 次。[2]

细节相对不那么重要，重要的是，在更新世中，大约 80% 的时间是冰川期，而在过去的 90 万年中，90% 的时间是冰川期。冰川期内也不断地发生变化，其中一种变化往往青睐间隔 10 万年而不是 4 万年的周期。当然，局部环境也改变了全球范围的地质运动。从远处看蔚为壮观的冰河圈在近处看则显得一片凌乱。间冰期大气温暖，来时突然，持续时间较短。最后一次冰期大约在 2.1 万年前达到顶峰。目前的间冰期在大约 1.1 万年前开始主导全球气候。它出现了突变——热浪，如中世纪气温峰值时期，或者中世纪温暖期（公元 950—1300 年），以及小冰期（1550—1850 年），其中全球气温下降 2℃（3.6℉）。按照历史标准，目前的间冰期比以前的间冰期持续时间更长。直到最近几个世纪，实际证明属于更稳定的间冰期，并且从当代开始，气候明显更温暖、更潮湿。[3]

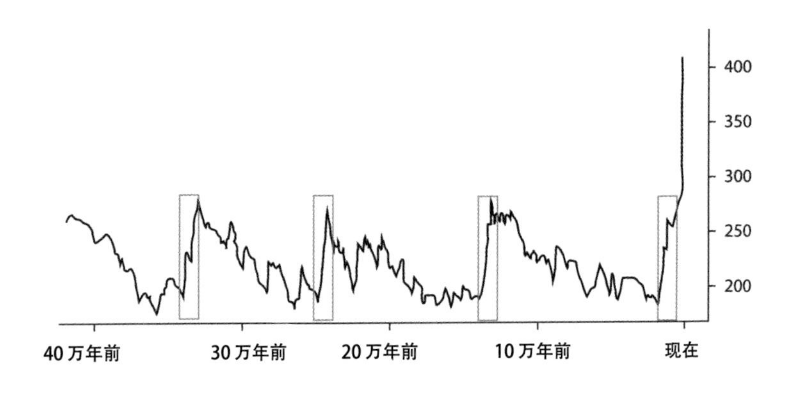

图 2-1 过去 40 万年的冰期和间冰期模式。根据南极冰层中的记录，对二氧化碳浓度（百万分之一）进行测量而来。图中矩形表示间冰期。

数据来源：美国国家航空航天局（NASA）；最新数据由莫纳罗亚天文台提供。

更新世重塑了地表，并再构了其动态属性。冰是最突出的特征，是决定性的存在。以冰来定义这个时代可谓名副其实，它带来了许多次生影响，使得地球环境仍然更适合冰的存在。冰既是原因又是结果，它塑造的低温地貌覆盖着整个地球。

冰层覆盖了一个大陆（南极洲），蔓延到另外两个大陆（亚欧大陆和北美洲）的大片区域，并完全覆盖了一个微型大陆（格陵兰岛）——北半球的冰要多得多，因为它的陆地面积更大，而且大陆更接近极点。冰覆盖了南北冰洋、北极和南极。从安第斯山脉到喜马拉雅山脉，所有山顶都覆盖着冰壳，山谷沦为冰斗的据点，冰块顺山坡流下，形成冰川。甚至非洲的崇峰也覆有冰层，乞力马扎罗山的冰盖方圆达 15 平方英里（1 平方英里≈ 2.59 平方千米）。空气、水和土壤中到处都是冰。地表冰形成永久冻土，与地下冰相呼应。冰冻的大地形成斑纹，与地上冰的形状相呼应。冰川岩裹挟着冰芯沿着斜坡腾挪而下。

通过风、径流以及不均匀的冰冻和融化，冰川范围延伸到冰川周围的地貌。土壤融化形成泥石流，不均匀的融化导致永久冻土中形成千疮百孔的热岩层地貌，冰丘上升，形成冰穹，冰楔刺穿地表，周期性的霜冻 - 融化将地表雕刻成大大小小的多边形。冰川融化催生了溪流。冰原和冰川孕育了风，这些风以可怕的速度在斜坡上奔跑。冰川裹挟巨石（游离物）移动，碾平河皋（冰碛），沉土成丘（鼓形山），雕刻地坳（蛇形山和壶形山）。融化的冰川让河流丰沛或改变河道。冰期的风和水将具有侵蚀性的碎屑运到冰层前，这些泥沙堆积成三角洲（被称为冲积平原）和大片淤泥地（被称为黄土）。在堆积的冰块前面，可能会形成湖泊，冰块可能会阻碍溪流，河水的溃决则可能导致规模巨大的洪水，使之改变地貌，而且这种模式会重复多次。

冰川对整个地球产生了影响。它仅靠自身的重量就可以将土壤压实，即使在今天，土壤坚硬的南极洲也比其除去所有冰块后的平均高度低约 1000 米。同样，在 1 万年之后，哈得孙湾每年仍然会上升约 2 厘米，波罗的海每年会上升 11 毫米。地球大寒冷期把规模如大陆块一样的流动水从水圈中取出，在陆地上冻结成固态冰。据估计，南极洲仍然拥有地球上 60% 的淡水。冰冻层的规模足以降低全球海平面，至少有 4 次，冰潮带走的水量致使海平面下降约 100 米。降低的海面露出了陆地——不仅包括海岸线，还有大陆架，因而使英国与法国接壤，澳大利亚与新几内亚毗连，西伯利亚与阿拉斯加相通。更新世的澳大利亚面积比现在大 25%，而北美洲面积扩大后，几乎囊括了所有大陆架。

寒冰影响了天气。低温有助于结冰，可一旦冰层覆盖于北半球的洋面，并在北半球的大部分地区堆积成山，就对洋流和大气运动产生了影响。它重新调整了冷热空气的交换模式，改变了冷水和暖水区域的汇通规律。界定北半球大部分天气的极地边界被打破并被重新定位，其影响则使环境更有利于结冰。

这种天气并不限于已经结冰的地区。在许多地方，这种变化意味着天气更寒冷、气候更潮湿，这些因素造成低洼地被湖泊淹没——美国西部大盆地的大部分地区被水淹没（大盐湖只是一个小小的遗迹而已），类似的积雨湖也沿着中亚的山脉延伸（咸海和里海只是积雨湖的残余痕迹），马卡迪卡迪盐沼和乍得湖在非洲形成（乍得湖的残余部分至今犹在）。而在其他地方，这些变化意味着环境变得更冷，气候更干燥，形成了沙漠、苔原和草原。冰层不仅仅是更新世独特条件下的产物，也并非仅仅反映出它自身的轨迹，它还向外投射出其存在的影像。当然，并不是所有地方都化作了冰川或围岩，或者走向极端，但生物躲避灾难的气候圣殿和生物避难所的数量缩小了，地址也发生了迁移。

在冰川退去时，其影响也十分巨大。融化的冰填满了新冲刷形成的盆地，并把它们变成了湖泊——例如五大湖——而后沿着加拿大地盾向西北延伸。非永久性湖泊随处可见，由冰碛和随时溃决的冰坝堰塞而形成。处于冰川时期的米苏拉湖不断冲破冰坝（可能有40次），淹没哥伦比亚河峡谷，拔起断裂的玄武岩，凿出河道，使其经过之处碎石沉积成丘，华盛顿州中部的不毛地带就这样形成了。地表的大部分景观仍然带有更新世的印记，这是一个恢宏壮观，比以往地质历史更加强大的世界，却给我们留下了一个小小的世界。

然而，冰川的运动还是有规律可循的。冰流如川，冰河来了又去，去了又来，其节奏往往以几万年为计，而冰室时代的兴衰则是以亿年为单位。在短期内，米兰科维奇周期通过太阳辐射影响大气的冷热。在中期，生物圈影响到碳的储存和释放，包括陆地和海洋上的碳。从长期来看，碳被储存在岩石中，有时也存储在化石生物质（如煤）中，但大多数情况下，主要存储在海洋中沉积的碳酸盐岩石中。

碳，特别是大气中的二氧化碳，是区分每个冰期的绝佳标志。二氧化碳对更新世的记录，其大部分都保存在现存的冰层中。两者的关系很直观：二氧化碳越多，冰越少；二氧化碳越少，冰越多。在最后一次冰期，估计有7000亿吨二氧化碳从大气中消失了。也许有5000亿吨储存在了陆地植被中，如今隐身于冰层和冰缘环境中；另外2000亿吨可能消失在了海洋中。二氧化碳的循环遵循可预测的规律，可以用它来表示冰川运动。大气中二氧化碳的图表大致记录了地球冰期的规模。[4]

最后一次大冰期大约在2.1万年前达到顶峰。冰在7000年前才离开波罗的海盆地，一些冰前湖一直保留至今，尽管规模已经缩小。卸掉冰层重负的土地继续向上回升。冰封的土地伴随冰层的撤退而被遗弃，生命开始接管这里。格陵兰岛和南极洲仍然有大片冰层，北美洲和亚欧大陆广袤的北极地区仍然覆盖着永久冻土。过去，至少有一部分冰层可能从一个冰期保留到下一个冰期。然而今天，在又一次冰期爆发前，在冰层可能进一步加厚之际，作为更新世标志的冰层却似乎加速了撤退的步伐。在它的掩护下避难的生命正在缩减。几乎所有地方的残冰都在撤退或消失，与之一起消亡的还有与这些残冰有关的许多物种。

巨型动物，大规模灭绝

地球冻了又消，消了又冻，循环反复。所有这些变化使得陆生生物的存活条件变得十分艰难。生境不断发生变化，或萎缩，或扩大，或移至他处。森林变成草地，草地化为沙漠；大陆线向下降，向外扩张，进而沉陷到地平线以下；湖水填满峡谷，然后泄入沙砾盆地；北半球地景消失在一片冰天雪地之中。总有物种可以适应这样的变化，而有些则不能。物种灭绝的速度比以往加快了。在 260 万年的时间里，地球五大灭绝灾难中的最后一次发生在更新世也就不足为奇了。

地质记录偏向于记载巨大和坚硬的事物——有骨架的大型动物，而不是微小的软组织动物。即便如此，冰河时期对巨型动物来说也似乎异常艰难。物种灭绝，然后以新的形象重新出现。全球范围内，化石记录中已知的 714 种大型哺乳动物中，有 207 种（即 29%）灭绝了。这个过程是不连续的：某些时期和地方受其影响更大，而某些时期和地方所受影响较小。在面积巨大的大陆块上，以及在接近物种进化起源的地方，灭绝的程度较轻。非洲的物种灭绝在更新世早期达到顶峰，而亚欧大陆、北美洲、南美洲、澳大利亚和马达加斯加等大陆和岛屿的物种灭绝在更新世晚期（和全新世早期）达到顶峰。灭绝进程在非洲和亚欧大陆最为缓慢，在美洲和澳大利亚集中爆发，而在真正的岛屿上几乎是瞬间的。在非洲，约有 70% 的大型哺乳动物在这场挑战中幸存下来；在北美洲，这一数字接近 25%；而在澳大利亚，大约是 5%；在马达加斯加和新西兰这样的微型大陆上，没有动物幸存下来。[5]

这种模式对人类的意义不亚于对其他哺乳动物的意义。该进化支系形成了许多物种，然后数量萎缩，又重新繁衍扩张。最长寿的是直立人，其进化时长约为 200 万年，涵盖了更新世的大部分时期。该物种可能在苏门答腊等岛屿避难地存活了 5 万年之久。在最后一次大冰川开始的时候，人类的数量似乎和大象一样多。正如有猛犸象、乳齿象、亚非始祖象、大多数地中海岛屿上的矮象等至少十几种象一样，人类谱系也有巧人（一译能人或哈比人）、直立人等衍生人种，如海德堡人。还有丹尼索瓦人、佛罗伦萨人、尼安德特人，以及在过去至少 20 万年里延续至今的智人。所有人种都在最后一次冰川来临前的间冰期里繁荣昌盛起来，那次冰期大约在 2.1 万年前达到顶峰，只有智人幸存了下来。

用简单的岛屿生物地理学原理就可以大体解释物种差异的原因，但还不能做出完全解释，也不能解释最近几次冰川运动的规律。物种进化已经适应了冰层的律动，这是一种合理的生物诠释。新物种出现，随后新物种消亡。但是最近的一个纪元打破了这种模式。一次又一次，尤其在全新世，人类几乎把进化的生物逼上了悬崖。人类加速物种灭绝的新模式何时以及如何取代旧模式，是人们持续研究的一个课题，毫不奇怪，这个课题也具有争议性。

更新世是一个巨型的时代。那个时期拥有和大陆一样广阔的冰层，冰封洋面，形成了巨大的环流，还有无垠的湖泊和广阔的沙漠，所有这些都是大型生物的居住地。现存的一切，似乎都曾以巨大的形态存在过。北欧流传的冰原角顿（Jotun）和巨人传说都在现实中能够找到印证；北美洲有和亚洲象一样大的地懒；南极洲拥有与设得兰矮种马一样大的企鹅；新西兰有比人高两倍的鸵鸟；澳大利亚有 7 米长的肉食性巨蜥。甚至人类也体型巨大——尼安德特人是已知人类中体型最大的，他们有更宽的颅腔，可以容纳更大的脑体。这个时代留下的生物景观比后来的进化过程规模更宏大，就好像今天地球变小了，原来的衣服不再合身。

冰层冻结又消融，生命灭绝又产生，这样的节奏贯穿整个更新世，直至最后停止。许多种群没能重现于世，巨型动物和其他物种的数量持续大幅减少，除了那些受到人类保护的物种。冰川没有回归地球，冰层继续融化。本应增长的碳储存中断了，并发生了逆转。地球变暖，温度持续升高。将这一时期与先前的时期区分开来的关键是，出现了智人这一物种。

更新世的前世今生

这是一个不稳定的时代。随着冰层的前进和后退，湖泊水位的上升和下降，以及生物的迁徙、扩散和撤退，它时而充盈生命，时而肃杀空寂。这一时代的决定性物理特性是阳光辐射与陆地、海洋、空气的化合作用。不过，人们对这一时代的认知也不确定，对它的起讫时间仍然不甚明了，对它的叙述也是模棱两可，甚至确定它的名字也有一段波折的历史。

在变成深度时间之前，时间一直很薄浅。直到 19 世纪，学者们从《圣经》中推断出进化年表，并据此相信，地球的存在历史为大约 6000 年（甚至艾萨克·牛顿计算过）。1756 年，约翰·莱曼确定了两大类岩层：古岩层（第一纪）和新岩层（第二纪），它们都被最新的土壤覆盖。4 年后，乔瓦尼·阿杜诺提议将较新岩层的时间范围扩大到第三纪。布封伯爵则大胆地提议将地球的年龄估算高出一个数量级，达到 6 万—7.5 万年。5 年后的 1783 年，地质学这一术语被创造出来，这门新学科将地球年龄作为核心研究问题，并将深度时间的结构确定为课题。[6]

随着查尔斯·莱尔出版三卷本的《地质学原理》(1830—1833)，并创建出一个更详细的地质年表，一切便有了突破。莱尔将第三纪细分为四个阶段。他把最古老的时代称为始新世（Eocene），这个词来自希腊语的 eos（黎明或最早）和 kainos（最近），把次古老的时代称为中新世（Miocene），来自希腊语 meion（少）。然后是上新世（Pliocene），来自 pleion 一词（更多），这一世代又分为古上新世（Older Pliocene）和新上新世（Newer Pliocene）。在这之后直到现在是后第三纪（Post-Tertiary）。（在此几年前，朱尔斯·德努瓦耶曾提议将更接近现在的地质时代称为第四纪，但莱尔对这个词不以为意。）

后第三纪为了站稳脚跟，可谓费尽周折，甚至连其名称也不伦不类，是拉丁文的 post 和希腊文的 kainos 的混合体。

莱尔将其分为两个阶段：后上新世（Post-Pliocene）和最近世（Recent Epoch）。不消多说，此名一出，人们立刻将后上新世与后第三纪混淆了。他呼吁学界用“最近世”这一名称来描述“已知人类存在”的时期，而这一时期在当时几乎没有超出《圣经》所记录的年代。不到 30 年，莱尔本人就在《人类古代的地质学证据》中将人类历史扩展到地球历史的范围。

《地质学原理》油墨未干，阿加西就发表了他的冰河研究宣言，这颇有戏剧性。1839 年，莱尔用“更新世”一词（Pleistocene）取代了“新上新世”，将这一希腊语词从比较级拔高到了最高级（pleistos 和 kainos，表示“最近”）。很快他就后悔了，并撤回了这一决定，因为他不希望把近代和现在区分得太清楚。但爱德华·福布斯在 1846 年又恢复了这一术语，把它作为“冰川期”的同义词。尽管莱尔不愿意，并在后来的文献中顽固地继续使用他的原始术语，但这个词一直沿用至今。

同样，1867 年，保罗·热维斯提出“全新世”（Holocene，来自希腊语 holos，意为“整体”，他为什么选择这个词不得而知）一词，对莱尔的“最近世”提出了挑战。更新世和全新世共同构成了一个复合时代，即第四纪，并完全取代了后第三纪。1873 年，莱尔接受了福布斯的新定义；两年后，他去世了，这个词所受的阻力也随之消失。1885 年，“全新世”被正式提交给国际地质大会，成为首选的工作术语。

然而，第四纪——更新世和全新世——仍然是地质学时间刻度表中的惹事顽童。其他时代的决定性特征都严格遵循地质标准和大规模物种灭绝情况，而定义第四纪则围绕冰期和“人类寄居”的标准。全新世包括人类，正如更新世包括冰川时代一样。然而，这样的划分无济于事，并且让标准更加不确定，因为冰川运动不是在全球范围内同时发生的（许多地区有湖泊和沙漠，而不是冰），人类的活动期可以一直追溯到冰川时代的起源，而且从更新世到全新世并没有明确的拐点——没有证据表明冰川和间冰期的循环在 1 万年前突然停止。相反，该纪元变得不伦不类，对它的定义参考的是冰期留下的气候分界线和冰川运动的残留地貌“化石”，而不是有机进化的化石所记录的物种灭绝痕迹。因此，即使更新世这个词已经成为固定术语，更新世的分界线仍然不明确，其持续时间也是未知数，它的年龄只是一个相对值。

更新世的领地持续扩张。1863 年，在达尔文发表《物种起源》4 年后，莱尔估算更新世的持续时间为 80 万年。1900

年，威廉·约翰逊·索拉斯估算为40万年。1909年，阿尔布雷希特·彭克和爱德华·布吕克纳根据阿尔卑斯山的抬升过程（这一推断结果是不正确的），将这一时期的起始时间追溯到65万年前。作为惯例，业界的地质学家把这一时期称为“最后的一百万年”。1948年，国际地质大会将冰川期和古生物学指标相结合，确定了更新世的下限，即以地中海盆地出现喜冷物种为标准，时间约在164万年前。这一地质现象被记录在意大利南部卡拉布里亚的弗里卡（Vrica）地层中，它标志着“意大利新近纪演替中气候恶化的第一个迹象”。国际第四纪研究联盟在1965年的第七届大会上确认了这一结论，并在1983年再次确认。考虑到生物在430多万年前就开始在大陆上定居，更新世在陆地生命的持续时间中估计只占不到一半的比例。[7]

在查尔斯·莱尔确定并命名上新世之后的176年里，以及在他创造更新世这个术语来取代古上新世和新上新世之后的170年里，地质学的权威学者们一直在争论这两个时代之间的界限。尽管如此，更新世一直拒绝顺应地质学界的要求，没有与其他地质时间一模一样。更新世孤芳自傲，倔强地保持着与众不同的面貌。它仿佛要求学界根据它的特征为它单独取名。这是冰和人类起源的时代。

在21世纪初，国际地层委员会试图废除第四纪这一过时的名称，不再将它用作某一特殊时期的术语，就像天文学家将冥王星剔除出九大行星行列。第四纪学派揭竿而起，表示抗议，并实际上成功壮大了这一学派。第四纪不但没有消失，其范围反而扩大了。更新世侵入了上新世的地盘，占去了80万年的时间，这使得一些观察者闷闷不乐，称之为“抢地盘”。这样一来，第四纪的正式起始时间就变成了258万年前，使得更新世的时间大约为全新世的60倍。更新世一直就是这样多变，就像它的气候节律、阵发式的物种灭绝，以及其标志性物种的多变面孔一样。2009年，国际地层委员会向第四纪学派屈服，通过投票批准了这一变动。[8]

在非第四纪学派地质学家的反对意见中，有这样一种观点：用于标记更新世结束的标准与用于标记其开始的标准不同。其地质历史叙事以一个主题（即气候）开始，却以另一个主题（即人类）结束。维持冰期的各种过程并没有在1万年前停止，人类也没有灭绝。全新世似乎是一个随意的造词。本应拿出客观证据来剖析深层时间的生物——人类，如今却在谈论自己。更新世的前世今生看起来像一个不可靠的叙述者所讲的故事。

当然，矛盾不止于此。更新世的持续时间约为全新世的260倍。如果严格按照地质学标准来划定，全新世只是另一个间冰期，而且有可能会重返冰期。更新世得以独立的理由正是莱尔所指出的：它与人类有关。然而，人类继续把它的起源推向更远的时间点，到现在人类已经跨越了更新世。即使是智人也至少有20万年的历史。全新世已经成为智人在地球上繁衍扩散甚至向外太空探索的时代。只有人类的虚荣心才有理由使人类把过去的一万多年分割出来，划定为地质记录中的一个独立时代。不过，话说回来，只有人类可以选择和命名。人类的存在让自身得以再造，因而人类似乎也使得地质时期的划分发生了改变。

火焰的守护者

史上关于冰、人科动物和更新世的争论预示了当前关于火、人类及其所创造的时代的对话。新问世的火时代变化不定，其范围与冰河时代一样广大，历史意义也颇具争议。到了21世纪初，观察者们开始寻找一个恰当的词来描述人造火所产生的累积性影响及时间范围。

智人是进化史晚期的人科动物，是我们所知道的最后一种，也是唯一在第五次大灭绝中幸存下来的人科动物。许多人种曾经交叉繁殖，后来又不再交叉。智人、尼安德特人与丹尼索瓦人有出现过交叉繁殖，他们之间可能发生过冲突。但是，在其他人种没有生存下来的地方，智人却活了下来。有观点和证据表明，人口瓶颈曾经很狭窄，但智人突破了瓶颈，并繁衍到非洲、中东和欧洲的部分地区。然后他们继续沿着已经直立行走人和其他人走过的道路前进。5 万年前，他们进入新几内亚和澳大利亚。智人的大规模迁徙超出了人科动物的活动范围，不过，这一切必须等到最后一次冰川期高峰消退，美洲大门开启后才发生。接下来，他们登上大小岛屿。在整个 19 世纪，人类继续占据无人居住的岛屿，在那里繁衍生息。他们在南极洲建立了永久性基地，这也只不过是 20 世纪后半期才发生的事。不久之后，他们靠着火的动力飞离了地球。

智人是比其他物种更大的破坏者。巨型动物的灭绝和智人的到来是同步发生的，在多数情况下，这是一个不容忽视的现象。物种灭绝的地理分布似乎能够帮我们捕捉到智人的足迹。人类历史和史前记录非常清晰——最后存在的人类在第一次登陆的岛屿上消灭了无数物种。难办的是怎样用这种有记载的活动来判断更遥远的过去和更广阔的地域。智人是杂食动物，这也意味着他们以捕猎为食；他们有语言优势，这使他们具备了社会组织；他们掌握了新的狩猎技术，并且会生火。这些都足以使他们撼动生命之树，摇落其他物种的花果。智人开始重新塑造生物群落。

但是，二氧化碳和甲烷的历史也有类似的迂回活动特征。这些气体并没有从大气中稳定地流失，而是开始增加。正在发生的气候变暖——更新世的特征就是气候反复无常、势不可挡，而气候变暖似乎只不过是最近的一次——也偏离了常道，在地球的荒野之上游荡。与物种灭绝一样，气候变暖最合理的解释是智人的扩张。该物种四处扩张，其复杂性远超米兰科维奇周期的太阳辐射。揭开全新世序幕的地球变暖另起炉灶，不再理睬古老的周期变化。

智人像所有的人科动物一样，是冰河时代的产物。但他们也是一类与火共存的生物，并最终成为地球上唯一用火的生物。他们的火种成为阿基米德手中的杠杆，只要有理想的支点，就可以用它来撬动地球。随着最后一次间冰期的到来，一个会使用火的物种遇到了对火敏感的环境。千年复千年，地球——从大气层到地球化学循环再到整个生物圈——到处都在悄然变化、焕然一新。每一个棘轮似乎都增大了智人手中火的威力。火孕育了火。更新世在不知不觉中进入了火焰世。

比起与火的相处，智人与冰相处更容易。冰是排他性的：它埋葬岩石，摧毁生命，摧毁一切异己的事物。冰是水和冷却作用的纯机械运动产物，可以在没有生命粒子在场的情况下发生。冰是有形的。它持续存在，甚至在其源生条件改变之后依然久久滞存。而火是一种反应，转瞬即逝，且完全依赖于生命，生命既提供氧气又提供火所需的燃料。即使是单一的火，在不同的地形、天气系统和植被中燃烧时也会有所不同。人类可以操控火，却不能以同样的方式操控水。

面对即将到来的冰河时期，人类只能离开或在边缘地带适应。在即将到来的火时代，人类可以抓住一些重要推杆，驱动机器运行起来。陆生生物与火共同进化，提高适应性并重塑燃烧的特性。人科动物有一个额外的优势——他们可以点燃火。然而，智人走得更远，他们可以开启一个地质时代。

第三章

火生物：生物景观

托马斯·利文斯通·米歇尔由舅舅抚养长大，舅舅去世那年，他16岁。那时他加入英国陆军，后来参加了半岛战争。19岁时，他成为第95步兵团的一名陆军中尉。由于擅长制图，一次偶然的机会，米歇尔被借调到陆军军需部。战争结束后，他重返战场，进行调查和记录，编纂成有关半岛战争的经典，后被威尔德结集出版，名为《主要战事、围攻作战计划与局势地图集》。多才多艺的他在1827年被任命为新南威尔士的总勘测员。

米歇尔起初在悉尼周围勘探和制图。随后，他开启了四次探险旅程，距离一次比一次远，由此成为对澳大利亚内陆进行勘探的最杰出探险家之一。他在一本书里记录了他的前三次探险，在另一本书里记录了前往昆士兰的第四次探险。这些故事包含丰富的细节，让人们能够了解这片土地及其自然历史和土著居民。尽管米歇尔性情暴躁易怒，尤其对上司不感冒（他是澳大利亚已知的最后一个与人纷争而决斗的人），但在他对土著居民的记录中，却表现出他那个时代少有的同情心和敏锐眼光。当然，他的观察对象也包括火。

在达令河流域，他观察到“这里的乡村每年都会发生一次大火”。而在其他地方，他注意到“当地人处处焚火，并为此付出不少劳动……我们看到，这些人在不同地方点火，为了传播火种而费尽周折”。一行人在“烟雾缭绕”中行进了5英里，那烟雾“让景色显得更加壮丽”。大多数地方都被焚烧过，米歇尔并不是唯一注意到这一现象的人。由于英国人与澳大利亚原住民的接触较晚，那时启蒙运动已经广泛传播了。来自欧洲的探险家或者接受过自然科学方面的训练，或者有博物学家陪同探险。他们试图以不同于伊比利亚探险家的方式来记录景观，后者的记录员都是征服者和神职人员。[1]

但米歇尔对于景观之火的理解更为深刻，在他的同辈中几乎独一无二。在一段著名的描写中，他详述了火与动植物群以及人类的交互关系：

> 在澳大利亚，火、草、袋鼠和人类，一切似乎都是相互依存的。如果缺少了某一物种，其他物种将难以为继。燃烧草地，留出疏林，必须要用到火。在疏林中可以看到大型森林袋鼠。在某些季节，土著人会放火焚烧草地，一茬新草便会迅速生长，引起他们的注意，随后土著人利用这些新草猎杀袋鼠或用网捕捉。夏季的时候，焚烧草地的工作主要由女人和孩子完成，这样就可以使

> 小型猎物和鸟蛋暴露出来，成为他们的盘中餐。要不是因为这个简单的做法，澳大利亚或许就会像新西兰或美洲那样遍布密林，而不像现在这样林木疏落有致，白人在这里为牛寻找草料，更不用说袋鼠。[2]

米歇尔注意到后来出现的情况令人不安，“土著人不再每年焚烧……离悉尼最近的疏林”被“细密的幼树林取代。人们原先可以在这里肆意奔跑，畅通无阻，一眼就能看到前方好几英里……然而现在，袋鼠见不着了，草被灌木遮挡起来，当地人也不再焚草了”。[3]

T. L. 米歇尔天赋异禀、想法与众不同，是个老练的旅行者、敏锐的观察者，他注意到了火在澳大利亚的作用——火既不具备破坏性，也不像回旋镖或挖土棍那样，仅仅作为一种工具。火在生物景观中形成一道靓丽的风景线，无处不在。一旦消失，其破坏性可能是巨大的。火与人关系密切，二者的联盟渗透到方方面面。这样的结论不仅仅适用于澳大利亚。

地球并不是唯一有冰存在的星球，火星、月球和其他外行星的卫星上也有。有些卫星（如土卫二和海卫一）是完全的冰封世界。但由于生命的存在，只有地球上有火。当生命进化出一种能操控火的生物时，二者之间的互动不是呈加数型，而是呈指数型增长的。第二类火就这样出现了，对大自然的第一类火形成了挑战。

人类并没有发明火，他们只是从周围环境中捕获了它。

在人类出现的热带稀树草原和林地周围，到处都是火。他们在灰烬中，在鲜嫩的新生植被中觅食，偶尔也躲避突然发生的火。不知什么时候，他们捡起燃烧的树枝，发现可以用它来点燃草丛。于是他们懂得，可以自己动手烤肉，不用再出去四处觅食了。他们学会了烹饪。只要添加柴火，就能获得光和热。他们围绕着火焰，聚在一起——长久以来，家庭的定义就是围着火堆坐在一起的人。火的融合意味着联姻或结盟。家庭之火熊熊燃烧，象征着家族绵延不绝。他们围坐在火焰四周，将白天的经历娓娓道来，精心编织各种故事，使文化得以传承下去。他们载歌载舞，演化出各种典礼和仪式，由此定义他们的身份。一次又一次，关于人类起源的神话讲述了一个脆弱无助、濒临威胁的物种是如何通过掌控火而强大起来的故事。火即是存在，是工具，也是伴侣。

但首先火是一种力量。与自然界的其他生物相比，火对人类的意义尤为重要。大多数的海洋生物不需要迅捷之火，陆地生物需要适应火并可能起到传播的作用，人类生存则离不开火。一些物种能在无火的环境中蓬勃发展，人科动物则不能。火不仅是人类为了获取相对其他物种的优势而适应或选择性利用的某种东西，还是人类生存必不可少的东西。自从学会了烹饪，火便进入人的基因组。人类之火在改变世界之前，首先改变了人类。

第二类火

人科动物掌握了火，这标志着一种相变，而这种相变不仅在火的历史上，而且在地球进化史上都具有非凡意义。从某些方面来说，人类与火就这样并入无尽、复杂的进程中，决定了自然之火在景观中的面貌。二者一起创造了一种新的点火源，找到了另一种方法来重新安排可以作为燃料的植被。人类点火可能变得更加普遍、更加频繁，对燃料的选择也可能更加多样了，但人类与火依然受到自然火运作方式的约束。因此，即便人类手上有一根力大无穷的撬杆，他们依然要遵循既定法则进行操作。他们能够与自然互动，能够美化自然，唯独不能发号施令。

与其他暴露在火中的物种一样，人类也能够改变火的特性，就像火改变人类自身一样。人与火的关系超越了捕食者与猎物之间的关系，火也不仅仅是反映人们意志的工具。二者的关系就像一种互助契约：火和人类使彼此变得强大。在人类的帮助下，火扩张至凭借自身力量无法覆盖的领域；在火的帮助下，人类亦是如此。他们长途跋涉，至于绝地，那里不仅人迹罕至，对其他生命而言更无生存可能。他们的足迹出现在阿塔卡玛沙漠和格陵兰岛的大冰原上，他们在北极浮冰下潜航，他们环绕月球飞行。

这种联盟的结果，加速了火的出现——起初，火只是星星点点，火光摇曳，随着冰冻和雪融的周而复始而闪烁；而后，火光微微亮起来，人类运用双手和头脑，用火驯化易燃的地貌，就像他们先前驯化火那样；最后，智人的出现让火成为一股难以阻挡的力量。学会烹饪食物使得人类肠胃体积变小，脑的体积变大；而通过“烹饪”地理景观，他们站到了食物链的顶端；最终，通过“烹饪”地球，智人成为一股能控制整个地球的力量。

哲学上有一个古老的命题——人性究竟是自然的一部分还是独立于自然。我们有多少东西是与生俱来的？又有多少东西是后天培养的？这种剪不断理还乱的关系于火而言尤为复杂。人类与火的传奇，一切始于先天自然，却多终于后天养成。人为之火与自然之火同台竞技，这便是人火传奇的开始，两类火都受制于同样的约束，都受到同样的推力，都依靠同样的燃料维持燃烧。人火传奇在近几个世纪迎来结局，此刻，火所固有的一切本质属性都经历了分离、强化和重组。人为之火成为一种前所未有的事物，在全球范围内挑战了自然之火的运作方式。最终，人类重塑了自然之火的地理景观，塑造了一个自然之火的二重身。

运用火的物种遇到了接纳火的时代，这一转折点影响深远，值得我们对其单独进行思考，这可能是自植物占领大陆以来火在地球上发生的最雄伟的变化。自然之火，即第一类火迎来了挑战者，值得我们给它单独命名。就叫它第二类火吧，因为它的运作范围符合西塞罗所说的著名的“第二自然”，这一自然是由人类运用技术从第一自然中改造而来的。

火的磨炼

关键技术，即基础的火技术，非烹饪莫属。对食物进行可控的加热就是预消化过程。这一过程能软化硬纤维，以化学的方式为碳水化合物增味，使某些原本不可食用的食物变为美食，去除像木薯这样的植物茎块中的毒素，并清除像猪肉和熊肉中的寄生虫（如旋毛虫）。研究似乎表明，人类不能仅靠生食来生存、繁衍和兴盛。对早期人类来说，烹饪促成了关键性增量变化，成为一个营养临界点，使得人类的内脏更小，下颚不再像先前健壮，颅骨更大，并保证为占据头颅更大空间的脑提供能量。[4]

反过来，烹饪成为大多数火技术发展的榜样。随着时间的推移，人类学会了用沙子、矿石、黏土、泥浆、石灰石、木材和油来制作玻璃、金属、陶器、砖块、水泥、焦油和松节油，以及各种药水和香料。他们用火来制造其他工具，从经过火淬炼的矛到犁再到大炮，无所不包。几乎所有技术在其创造链的某一点都会用到火。火是互动性的：火作为一种工具可以制造其他工具。

见证火塑造人类世界的过程，很容易联想到火塑造自然世界的情形——在远古时代，火之所以非常突出，是因为它没有什么技术敌手，其复杂的生产过程并不深奥难解。在西方文明诞生之初，火不仅需要解释，也用来解释其他事物，它能对世界提供解释，就像它能烹饪食物和制作金属一样。

在精神世界中，火是创世神。耶和华通过燃烧的荆棘向摩西显灵。奥林匹斯山上的十二主神中有两位与火相关，即灶炉女神赫斯提亚和火神赫菲斯托斯。阿耆尼则是印度的火神。迪奥斯·维耶霍，意即“旧上帝”，是前哥伦布时代墨西哥的一个原始神。圣坛上蜡烛和永恒之火的燃烧伴随着宗教仪式的进行，祭品通常都是通过燃烧将烟送往天国。每逢天灾、人祸和极为重要的时刻，比如52年一轮回的阿兹特克新火仪式（为逝去的世界送去一轮新日），人们就会燃起新火。这些仪式说明，火有除恶扬善、辞旧迎新、再造世界的力量。即使这些仪式背后的原因或其赖以形成的历史境况不复存在，火的仪式依然如故。

世俗世界也是如此。对赫拉克利特来说，火是代表变化的普遍象征，也是变化的手段——万物皆可化为火，火亦可化为万物。对恩培多克勒来说，火是四大元素之一。对亚里士多德来说，火是万物变化的典型体系；若非有火，任何一种解释世界运行方式的体系都说不通，这是因为，一切变化——世界处于永恒的变化之中——都因火而生。炼金术士的实验室就像是为了“烹烧”原材料而配备的炉膛，以诱使火在加工各种物质时发生变化。伦敦皇家学会的创始人之一罗伯特·胡克在1666年的《显微制图》一书中描述了在原始显微镜下观察木炭的情形。而后，作为伦敦测量员，他绘制了那年伦敦大火的地图。即使在启蒙运动早期，火也随处可见——在天上如太阳、星星和彗星；在地下如岩浆；在地表如无穷无尽的自然和人类之火。

然而，火除了是一种工具或概念外，还是一种关系。使用火可能是人类第一次驯化自然的经历。不像斧子、铲子或长矛，火不大可能被置于工具架上被忽视，直到需要时再被想起。一旦点燃，火就要受到照料。人们要给它添柴、造炉，对其加以训练和照看，必须有专人持续性地看护它（英语中关于火的用词和照看孩子的用词一模一样）。如果说，火促使人类形成一种社会秩序，使大家聚集在一起烧烤聊天，那么，它也重构出一个群体，由这个群体专门负责其自身的需求——单是砍柴伐薪，每天就能花掉数小时。如果不是一直燃烧，也需要一切参与燃烧的材料时刻就位，以便随时生火。在奥茨塔尔阿尔卑斯山的冰川中发现的冰人身上几乎一无所有，却藏有燧石和火种，这也是为了让火持续燃烧。1761年，一船法国水手和马尔加什奴隶在马达加斯加东部的特罗姆兰岛遭遇海难。他们成功地保存了火种，用于烧火煮饭并发送求救信号，一直持续15年之久，最后有8名幸存者获救。[5]

这就需要一个地方来保存火，以防被雨淋或被其他东西毁灭。处所对于火的重要性不亚于其对于人类的重要性。第一个被人类驯化的根本不是某一物种，而是一个特殊的进程，一种反应。这种反应虽无生命，却来自生命世界，因此具有部分生命特征。这为接下来的驯化树立了典型。要驯化一个物种，就需要把它带入处所，与人共享一团火焰。

炉膛中的火并不只待在炉膛中，它会改头换面，重归自然景观。当然，大部分情况下，它的回归只是偶然（就像现今的情况一样）。但对偏爱被火烧过的地貌和食物的人类而言，他们以为自己也可以创造这样的条件，而不需要顺应大自然的脾性。人们看到，大火过后，新芽吐绿，不计其数的猎物被吸引前来觅食；但如果他们自己烧火，就能按照有利于自身的方式四处驱赶这些生物。他们学会了调整环境，而不是简单适应。人类有能力介入大自然的操作系统并进行操控。

让我们用野牛来做一场思想实验。野牛喜欢在刚烧过的地方吃草，几乎不会到两年以上还未再次燃烧过的草地。假如野牛自己会烧火，它们将有能力控制自己的进食，能够把握时间，控制大火蔓延到更大范围的生态系统。而这正是人类的境况。人类不仅能建构与自己休戚相关的生境，还能改变自己生态位所占据的更广泛环境，这对其他物种来说是无法想象的。火能够改造一切，广泛扩大其影响范围。最终，人类手中的火炬或者火棍成为生态意义上的生物杠杆，使人们能够撬动地球，改造地貌。

这样的撬杆需要一个支点，而这个支点就在大自然中。人类能够利用原始火的经济运作规律操控焚烧时间和地点（这里的“原始火”是指“基于点火控制的燃火实践”）；通过重复燃烧，人类可以改变土地的属性和可燃性。但火的熄灭或传播取决于自然条件，手持火把的人类没有多少决定权。他们只能在特定的自然条件下，尽量让火按照自己的意愿燃烧。然而，往大了说，这一过程让人类拥有了更大的驯化能力，使之扩展到炉膛以外。火炬把篝火和田野之火连在了一起。

原始、轻微、频繁的土著之火

土著经济在不同环境中表现出显著的一致性。无论是北方针叶林、热带稀树草原、沙漠草原还是半干旱的混合林地，在空间和时间上都显示出相似的模式，只是表现方式不同。在空间上，土著火以线状或片状形式出现；在时间上，土著火通常出现在自然火灾季节来临之前，或者收获或捕猎季节末尾，作为对土地的一种管理形式。土著之火能将冬季猎物驱赶到更容易捕猎的地方，也使橡子和栗子的采集更为容易。土著人生火的时间很早，频率较高，通常在雨季之前；或者来得较晚，在休眠期之后雪季到来之前。

线状火和片状火共同绘制出一个火的地理布阵图。线状火追随人类的足迹，穿越不同地貌。其中一些火是人类为使迁徙更加便利而生，另一些（如信号火和废弃的营火）则仅仅是一种次生品，人类走到哪里，它们便跟到哪里。人类燃烧片状火是为了更好地狩猎和觅食，或者在居住点周围建立防火带。自然之火的存在之处，其燃烧范围不断扩展和重组。

随着时间的推移，这样的情况时常发生。人类适应了实际环境，并周期性地回归，或许每年一次，或许每十年一次。在容易发生火灾的地理景观中，人类在闪电出现之前便将火点燃。一开始是小片小片的，后来，随着土地变干、土质恢复，焚烧土地的数量不断增加，规模不断扩大，一片接着一片。随着雨（和闪电）季的到来，所有人类想焚烧的，或者没被野火烧过的土地都被点燃了。整个过程遵照自然的指引，如在土壤湿润但燃料干燥时燃烧；或者根据仪式、短歌中的经验或按照其他形式记录和规定的社会知识进行。人类照此方式，一年又一年，一个世纪又一个世纪，一个千年又一个千年，让乡村周围的一切适应这种改变。随着火变得更加普遍，它们也更容易被控制。

火吸收一切，与一切展开互动。人类所做的不仅是焚烧，其所做的一切，火都会表现出来。他们手中的火棍必须与挖土棍、长矛和回旋镖展开竞争。或许，最有趣的互动发生在火与为数众多的巨型动物之间，因为食草动物的草料也同样是火的燃料。如果巨型动物在易燃地区灭绝了，它们的消失会给火释放更多的优质燃料，使土地变得更加易燃。如果它们从不耐火的地方消失，比如缺乏干湿规律的不同气候带的遮阴森林，则意味着不会再有野火。随着智人活动范围扩大，巨型动物消失了。在中欧，这意味着火的减少以及人类宜居地的缩减。在澳大利亚的大部分地区，则意味着火得以传播，更适合土著经济的居住地得以普及。在北美，结果视气候而定，在冰川消退后，火和燃料挤进了人类居所，使一些地方更易发生火灾，另一些地方则相反。

火棍的拨动既精确又模糊，它的操作范围既可以很小也可以很大。火棍可以在树干上烧洞，而后树洞（或许在白蚁的帮助下）被挖空，创造出空间，以吸引哺乳动物来此筑巢，而这些动物又可能被烟熏出，最终被猎杀。火棍可以使浆果丛和柳林燃烧，以催生果实，或利于新枝条的抽发，用于编篮。火棍可以利用新生植被设置陷阱，或用烟驱赶蚊蝇、吸引鹿和犀牛。火光能照亮猎物，在夜间吸引游鱼，以便用鱼枪刺杀。燃烧的火棍能将蜜蜂逼出蜂巢，使采蜜更加容易。大范围焚烧发生在地理景观层次上，这样便可将食草动物驱赶进草场度过冬夏，或将它们引入山谷，借助冬雪堵塞通道，把它们封闭在一个适合狩猎的地方。一切都可以被焚烧、收集、追踪和捕获——火使人类尝到了甜头，到达从未涉足之地。于是，可燃物成了消费品。[6]

在 1969 年发表的一篇著名文章中，里斯 • 琼斯将澳大利亚土著人焚烧的累积结果描述为“火棍农业”。土著人的火处处燃烧，丰沛而频繁，控制精确，足以形成一种焚烧园艺。这并非欧洲农学所理解的农业，因为它没有耕地，没有围栏牧场，没有固定的土地所有权，也没有庄稼轮作等。但就像欧洲农业依托于本地的动植物一样，火棍农业也用本土原料构建出一道文化地理景观。这种景观并非一片荒原，土著人像袋熊或风一样穿行其上，而是一种用简单但强大的技术创造出来的景观，这种技术完美适用于澳大利亚。这种技术就是火。[7]

尽管如此，这一切似乎仍让人感到不可思议。澳大利亚幅员辽阔，土著人口稀少，石质和木质工具落后，景观火却频频发生。直觉上人们认为，更多的火意味着更多的人口。但在土著经济中，人们会进行季节性狩猎和农作物收获，活动范围便十分广阔，火由此便传播开来。对在法律上依附于固定土地的欧洲农民来说，这种方式难以想象。如果我们算上所有的火，土著人的点火量是极多的，当他们携燃烧的火棍穿行于广袤土地上时尤其如此。据里斯・琼斯估计，在澳大利亚人口稠密的地方，每 30 平方千米的地方约能养活 40 个人。“这里有各种不同类型的觅食队伍。假设每天平均有 3 支队伍离开营地，每个队伍点燃 10 场森林大火，即使一年当中只有一半的时间在点火，那么这一地区每年也至少发生 5000 场林火”，这还只是一个“相当保守的估计”。况且，火也能像人一样四处游荡。它不像犁耙，必须沿着每一道犁沟拖动耕耘，也不像斧头，必须挥动才能砍树。火一旦被点燃，就能自动传播开来，直到遭遇雨水、阵风或燃料不足时才会熄灭。更多的人确实意味着更多的火，但这也意味着要有更为严密的消防措施。若想让景观之火持续燃烧，理想方式是携火棍继续漫游。[8]

景观之火与自然之火如何互动？它们既竞争又合作。在特定的地点和时间，只能有一类火存在——一类火能够焚烧的，就不允许另一类火焚烧。在这种情况下，它们相互竞争，土著居民通过灵活的焚烧方式，阻止野火蔓延，防止其破坏居所或狩猎地。但火也能跳出自然循环，发生在易燃但不常着火的地方（试想地中海气候一带），因为这些地方不常有闪电发生。在这种情况下，两类火便展开合作，并由人类将火点燃，而这是大自然通常无法做到的。在越来越多的地方，第二类火开始补充并取代第一类火。驯化的乡村取代了荒蛮的土地。

第二类火的威力似乎并不比一场阵雨更大。但最近，随着自然保护区和保护林的建立，人们试图把它当作非自然火和破坏性的火排斥在外，此时火的威力却彰显出来。在某些地方，地理景观的生物群落发生了变化。例如森林取代了草原，或者连绵不绝的单一树种取代了多树种间杂的森林。在另一些地方，燃烧中止一段时间后又恢复了，火势凶猛，历史空前。拿走火棍，野火便会替代驯化之火。

农业之火：火和休耕地

不过，土著人的火有严重的局限性，只能在环境允许的条件下燃烧。他们的火在某些季节能够燃烧，在另一些季节则不能燃烧；在某些生物群落中更易燃烧，在另外的生物群落中则不易燃烧；在风与阳光中能够燃烧，在雾与雪中则会熄灭。人类能将现有条件转化为有利条件，找到适合火燃烧的地方。他们不能把火引向缺乏燃烧条件的地方，那样火将不能或不大可能生起。如果他们想要点火，就要改变基础条件。

对火的历史来说，这就是农业的意义所在。人们砍伐森林，使泥煤沼干涸、排空湿地，任由牲畜践踏和削减灌木丛，由此创造出有利于生火的条件；而后引入适合在燃烧过的土地上生存的植物，他们便能种植粮食了。在火棍农业向火耕农业的转型过程中，人们使用火的能力越来越强。人与火突破了旧有的限制，农业可以在冲积平原外发展，火便也能传播到原先无法到达的地方。即使在今天，生物景观中的大多数明火还是发生在农业场景中，由种种因素塑造而成——残茬之火、休耕之火、刀耕火种、田园燃烧、针叶林种植，以及清理过的雨林和泥炭地。

火仪式的目的是迁善去恶，燃烧可以做到这些。燃烧能烟熏植物、为土壤施肥，将本地的动植物暂时隔开，为外来物种创造生存条件，使其在灰烬中获得旺盛的生命力。当然，如果那些动植物来自适应火的生物群（大多数也的确如此），燃烧将对其有利。家养植物的重要来源地拥有规律的干湿周期，因此，它们能够适应火的习性及其可能的后果。同样，大多数豢养动物的来源地也拥有干湿节律。那里通常是山区，人类通过季节性地在山上山下迁徙便能找到牧场，这里有更多的地方对火有天然的适应性。无论植物还是动物，人类都能为之提供火源。

以火为媒介的农业是应用火生态学中的一种实践，它依靠燃烧产生的生态冲击使土地再生，这就是适宜的燃料。而在农业系统中，就意味着要种植可燃的植物。这是对休耕的最合理解释。休耕在欧洲农学家看来令人费解，他们反对休耕，视之为浪费土地，是毫无根据的民间传说。更糟的是，在他们看来，休耕地要被焚烧。但实际并非如此，焚烧并非要荒废土地，而是通过焚烧来使其生长。火对于这一体系至关重要，火需要燃料才能燃烧。

扩大燃料领地，方法有很多。农民可以环切树皮或砍伐树木，待晒干后便可燃烧。首次砍伐森林工程艰巨，但这样能带来相当可观的收成。在温带和北方森林中，大树通常会被砍倒，或使其在原地枯死而不占据田地。在热带森林中，还可以保留一些树以遮阴。燃烧最旺的是细小的燃料：小树、灌木和地表残余，关键在于让这些燃料尽可能堆积，布满地面导致高温，甚至促进燃烧。如果该地点生物质相对匮乏，则可以从外界引入其他燃料，如针叶、树枝、粪肥、稻草，甚至干海草——火烧得旺，就需要充足的燃料。

缺少木材的地方可以用有机土壤作燃料，如高地沼泽或湿地里的泥炭（在工业革命之前，这是欧洲农业革命要实现的一个重大目标）。在这些地方，不需要砍伐森林，只需要把水排干，让地下水位的深度决定可燃物的多少。水位较浅的地方可以全部燃烧，较深的地方可能需要刨开地表使之燃烧，在此情况下，需要将草皮切割、堆放、晒干，然后进行焚烧。灌木丛可以成行种植，其枝丫可以被砍掉，留下来燃烧，成为给农田焚烧提供燃料的矮木丛。在加纳利群岛，松枝也具有相同的作用。事实上，任何可靠的可燃物都可以派上用场。

不能将这一系统简单地比作生物层面的砂矿开采，因为作物还会再生，耕种者还会回来。第二个（以及后面的）阶段变得更为简单，因为树木会变得更矮小，也更易被砍伐和焚烧。这种“循环”烧垦，在北欧可谓名副其实，这是因为受到植被再生周期和地方条件的限制。并不是每一片树林或灌木丛都适合火耕：火耕者的选择对象总是最多产的地方。因此，土地景观会斑驳陆离，焚烧过和未焚烧过的土地夹杂在一起。而在经过焚烧的土地上，植被的恢复程度也各不相同。这就是被驯服的大自然的一种表现形式，这些土地也因此造就了生物的多样性。

一次性焚烧的效果都是短暂的。农民可以在灰烬中种植，在某些情况下，也可以在第二年种植。但是本土植物（现在被认为是野草）会长回来，再燃烧也无法让栽植品种再生，于是，这片地就会被遗弃或留作草场。农民将会转移到新的地点，也许是一个之前没用过的地点，通常情况下，可能是一个正属回生周期的地点。这一休耕期种拥有更缓慢的节奏，不是持续几年，而是几十年。（在印地语中，现在未开垦的土地是 jangal——丛林，由于再生植被通常十分密集，因此，这个词用来表示像雨林这样的环境。）

经过一段较长的时间后，生物群落自身的属性会发生改变，接连不断的焚烧导致火系统发生变化，有用的物种留存下来，有害的则被清除。这样的结果在中欧十分容易见到。在那里，固定所有权和长期耕地十分典型，但这种结果在游耕文化中也很突出。一份关于亚马孙河流域东部的卡阿波尔族人文化的研究表明，绝大部分的现存植物都得到了利用（约占 90%），甚至那些没有直接被开发的植物也具有“重要的生态意义”——当然，这不仅是卡阿波尔人聪明智慧的结晶，也是因为他们清除了对焚烧不利的东西。同样，研究证明，区域生物多样性在很大程度上都可以归因于粗略烧垦。烧垦使田地斑驳，布满经过砍伐、焚烧的根茬，还有荒弃时间各不相同的田地，这里能够发现在人迹罕至的高山林中难见踪影的物种。[9]

这种烧垦——休耕的农业十分普遍。它盛行于泰国的山区、芬兰的北部森林和湿泥炭地、印度的中部丘陵、菲律宾起伏的地形、俄罗斯的松树草原、北美的山麓地带和沿海平原、亚马孙河流域、马达加斯加、非洲的旱生疏林、英国的登夏郡地形和法国阿登高地的树林——本质上所有地方都有可能采用这一农耕方式，并且人类已经培育出了可以种植的作物。就像因纽特语对雪的称呼有很多一样，火耕也有众多不同的名称，通常因地而异，这些地方拥有不同的地貌，处于循环内部的不同阶段。比如芬兰人用不同的词表示森林中的轮耕，这取决于砍伐地点是新址还是旧处（huutta 或 kaski），时段上是单一季节（rieskamaa）还是跨度为数年的计划（pyukälikkö），是依靠当地的树木还是添加外来泥炭草皮（kyttlandsbruk，来自 kyteä，意为“阴燃或辉光”）焚烧，湿地燃烧是发生在东部还是西部的土地上。各地的说法和具体的农耕实践一样大不相同。学者们想要找到一个更为通用的术语，比轮作更抽象，且没有刀耕火种那么口语化。在 1950 年，他们采用了“swidden”（烧垦）一词，来描述焚烧石楠花开垦耕地的做法，该词来源于古老的挪威语，已经被弃用很久了。[10]

典型的烧垦需要大片的土地供人们轮回迁徙。更精细的农业需要对土地更密切的管护，这是实行固定所有权或将劳动者固定在特定土地上的社会制度才会有的。并非在不同的景观中轮流垦地，而是让垦地轮流呈现不同的景观。人们种植完一种又种植另一种作物，这样就实现了交替种植的人为控制，每种植物都经过优选以充分利用其轮作次序。中耕除草或许延长了种植持续的时间，直到田地需要另一场大火来烧荒。此时的土地将开始休耕，接着是烧荒，然后轮作再次开始——这便是火生态学的另一个应用实例。轮作周期可能是2年、3年，也可能长达12年。

但这只适用于植物群。动物群需要一套不同的规则，且有两点需要特殊关注。一是与燃料有关。动物和火竞相争夺同样的小颗粒燃料——于动物是缓慢燃烧，于火是迅捷燃烧。牲畜吃掉草料后，火就没有了燃料，于是牧民只能寻找充足的燃料或与休耕地相当的牧场。在自然界中，食草动物可以迁徙至有鲜草的地方，并将没有吃掉的植物留下来（无论出于何种原因）；即使只过了一个季节，植物也远没有之前可口了，而动物不大可能再回来了，因此可以用来焚烧土地。过度放牧有许多弊病，其中之一就是它剥夺了作为燃料的休耕地，土地便失去了许多机会，无法补充生态能量，这原本是火能提供的。植物、食草动物和火一道，创造了一个火生态学的三体问题，这一问题没有确切的解决方案。

对以定居为主的社会来说，还有一个问题值得关注，即如何将家畜和庄稼、农民和牧人与他们的火内在地结合起来。欧洲做出了很好的榜样，有两个极端的例子几乎或完全不需要焚烧田地。牧养驯鹿依赖于地衣，而地衣对火敏感，焚烧后可能需要几十年来恢复，因此不能随意点火焚烧（春季焚烧可以刺激一些草生长，作为饲料，以补充驯鹿正常的进食）。但由于北方森林确实会发生大火，这种体系需要有广阔的土地，使牧群能四处漫游。另一个例外当属小型农场，其中有一小部分牲畜用于特殊任务，如奶牛、耕牛以及用作坐骑的马。这相当于动物群意义上的菜园，人类能够采用精耕细作的方式加以管理。这些动物以耕地上所种的饲料为食，并将粪便作为肥料返还给土地。

不过，大多数的安排都要求牧群能够在耕地（内场）和粗草场（外场）之间迁徙。内场和外场可能同属于一份私有土地，或者牧场离耕地有一段距离，或者如果有山的话，牧场坐落在山谷和山坡的中间。在北欧的高地牧场模式中，女人和孩子会前往更远的森林或高山上的夏季牧场（大多是为了生产牛奶制作奶酪，以备冬季食用）。在欧洲的阿尔卑斯山区，人们建起山地站，起到了相同的作用。焚烧土地是为了保持粮草的新鲜，防止树林重新占领此地；而且，由于牧民以家庭为单位，即使季节性地处于分离状态，社会联结也依然存在。在欧洲的地中海区域，这种联结延伸到更广的地域范围。大量的牧群夏季迁至高山牧场，冬季则迁至山谷牧场（通常靠残茬为食料），这一方式称为季节性迁徙放牧。伊比利亚人则发明了一种特殊的方式，使牧群长途跋涉，穿越中央台地，到别处觅食。

外围的牧场定期进行焚烧，牧群的迁徙路线和放牧地也每年焚烧一次，但火势并不总在控制之中。牧羊人就像他们点燃的火一样，独立不群，很难融于代表社会秩序的景观之中。伊比利亚岛的这种惯例后来传到了北美新世界。以巴斯克人为主的牧人将这一传统带到了高山上。在那里，牧场大火和冬雪一样，成为一个季节性现象。而间隔期长的焚烧传统则演变成美国西部著名的牧牛传统。在牛群到来之前，人们会按计划焚烧土地，这样既能获得新鲜饲料，又能保护土地免受野火侵蚀。[11]

理想的农业体系能够在协调的社会系统中稳定地提供作物和动物类产品。然而，乡村地区只有一部分适于耕种或放牧，因此形成了典型的混合经济模式。例如农场的位置可以处于山谷中或冲积平原上，在外场或季节性牧场放牧，或者在高地和遥远的猎场狩猎和采集，但某种程度上大多数活动都要依赖于火——火是一种软性的生态熔化剂。当然，烧火做饭，作为二次加工过程，一直都需要燃料供应，无论是种植的燃料还是采集的樵木。

像土著之火一样，农业之火有其局限性。它要求用于农场的燃料必须作为休耕植物来种植，或者从外场采集针叶和树枝以供给燃料，这也就意味着，一些土地有一年的时间要被荒置。况且人类从这片土地上能够榨取的燃料也只有这么多。在森林或荒野首次邂逅宝矿，这样的机会不会反复出现，就算不是相隔几个世纪，也要等上几十年的时间。过度缩短森林再生与休耕的周期会让土地得不到有效的恢复，从而造成缓慢浪费和土壤贫瘠化。刀耕火种、排水焚地、沿牲畜季节性迁徙的路线烧火，这些都能拓展火的自然边界，但这种拓展不是无限的，也并非毫无代价。虽然遏制火焰的冲击堤可以建造得不拘一格，但如果伸展太远，就可能会垮掉。土地具有柔性，但如果突破其柔性的限度，就会如俗语所说的，导致一代富和二代穷的现象。如果人类想更多地拥有火的力量——人类向来如此——就需要找到其他的燃烧源。欧洲人通过在美洲和澳洲开辟新土地找到了燃烧源，尽管这些土地有人居住，但新来者将这里视为休耕地并用作休耕地，即使这样依然有局限性。如果他们想拥有更多的力量，就需要开辟更大更多的休耕地。

随着农业普及并与土著居民实践的融合，人类在土地上的生存能力得以扩展，火也是如此。火在先前不可能燃烧的时间和地方出现了，它重新调整节奏，以适应农耕的时间表。人类之火不再像玉米和奶牛那样作为一件必须精密操作的工具。火不像蜡烛或火炉那样的工具，但是它可以像它焚烧过的土地一样成为驯化之物。如果说人类因火而改变，那么所有被人类之手触摸的地方也都因火而改变。

火技术

明火并不是唯一的用火技术。火焰是了不起的互动者，有了它，便有了许许多多的其他工具和实践活动，进而影响火出现在大地上的方式。火能间接地使力量倍增。换句话说，火不仅是火焰的直接应用，能够展现火的影响，火技术的间接影响也同样巨大。人类火实践活动影响深远，最终达至无生命的环境，如南极洲、月球和火星。

就像火本身一样，与火相关的技术具有奇妙的物理和生物双重性。大多数火技术都具备物理属性，都是通过反复试错和精炼而形成的，其目的在于分离人类想要的热和光，并尽可能少地依赖明火。最典型的例子当属烹饪。灶台变成了烤炉，火苗变成了引火棒、蜡烛或喷灯。柴火经提炼成为蜡、酒精、或木炭。建造特定形状的燃烧室使人类能够疏导气流（氧气）、驱散烟雾；最后，风箱也能起辅助作用。人类不遗余力地发明金属工具，进行采矿，这对作为燃料的木材也会产生重大影响。

火能让矛更加坚硬，还能打磨燧石。火炬能帮助人类夜间狩猎和捕鱼——火光既能阻吓猎物，又能吸引它们。火能使矿石熔成金属，变成剑或犁。用火锻造的斧头能伐木、铲土、挖泥炭、排湿地，锄头能除草，从而延长火耕周期。金属箭矛可以辅助狩猎，进而影响到用于焚烧土地的精细燃料，这本身就是一种烹饪技术。

有两种实践似乎与火的地球生态无关。采矿时，人们利用火来照亮隧道、敲碎岩块、熔化矿石，将金属锻造成工具。捕鱼时，人们携带火种驾船出海，用火把吸引鱼群，挥叉捕鱼，并用火将其蒸煮烟熏，以备将来食用。两种火技术都使人类能够利用技术深入自然的部分领地。它们使人类得以生存，并扩展了人类活动的范围。

火是个两面派，它变化多端，善恶难辨。它能够像人类一样创造艺术、唤醒土地，也能摧毁城市。并不是所有的火技术都具有建造性和无害的。技术之火所创造的，纵火者能够付之一炬。“刀光火影”是战争的代名词，“火力”成了军事力量的同义词。处于人类控制之下的火能够让人心想事成，然而人的愿望却无穷无尽。

古罗马时期的博物学家、百科全书编纂者老普林尼曾写道：“无论做什么，火几乎都是不可或缺的东西，这不能不让我们惊叹。”有了火，人才能够制造其他工具和材料。炼金术及其科学继承者——化学，都以火为技术基础。所有这些都凸显了人类的存在。建筑师维特鲁威根据人利用火来实现不同目的的能力将野蛮人与文明人区分开来（一直到 20 世纪，法国人类学家克劳德 • 列维 - 施特劳斯仍然将吃生肉还是吃熟肉作为划分文明与野蛮的标准）。[12]

火创造了一项特殊的技术。火就是一种机械工具，人类用它来分离或放大某些属性，而这样的例子有不少。蜡烛给世界送来光亮；火炬、炉子或发电机能产生热量。每一种都拥有某一属性，并由此产生特殊的作用；人类还可以随心所欲地开启或停止这种作用。不过，火也是一种生物技术，一种管理土地景观的手段。这类火能够根据周围环境的属性获取力量，而对于复杂的生态系统，这意味着火的作用也是复杂且分散的。这种燃烧能带给我们再生的水杉、蓝莓、麋鹿栖息地以及五彩斑斓的景观，形成多样化的土地和物种。物理火技术模仿锤子和杠杆，生物火技术则更像牧羊犬和火耕地，而在野外的环境中，火就像一只经过训练会跳舞的灰熊。这种火技术不是一种精确的工具，而是一个范围广泛的生态过程。物理火技术能够简化火环境，确保最大限度地控制火，并把燃烧影响降为最低；生物火技术则从复杂的生态环境中获取动力，并最大范围地扩散其影响。

在历史上，二者都表现出局限性。物理火技术受制于燃料的有无，因为燃料来自生物景观；生物火技术则受制于生物景观自身的特点。后来，物理火技术发现了一个新的化石燃料世界，可用于无限的实际用途。

相关的气候

火与大气之间的相互关系和它与生物圈之间的关系同样密切。火影响空气中的化学成分和地球的气候。这种交换不仅涉及氧气和碳，也涉及全球的大气循环，尤其是那些产生温室效应的气体。最后一次冰川期结束的时候，大气迅速变暖，冰川消失，使得地球气候有利于火的燃烧。智人得天独厚的条件使他们得以进驻刚刚从冰层下露出的土地。

在世界的大多数地方，人类之火并没有强加于生物群；相反，火与生物群共同进化，二者早已相互融合。这一点在非洲最为明显。但当亚欧大陆处于卸掉冰层负担的短暂反弹期时，人类之火便出现了，它与物种淘汰进程中重组和存留下来的生物群共存，甚至共同进化。在 5 万年前，澳大利亚体验到了人类引火棒的存在。南北美洲则是最后一个体验人类之火存在的有植被物大陆，但证据表明，早在 26 500 年前，墨西哥的萨卡特卡斯就开始使用火了。在 14 500 年以前，也许早在 18 500 年以前，火地岛就已经出现了家用火。随着冰川撤离北美大陆，人类便进驻这里，在大陆四周或沿着海岸活动。[13]

土著之火无法挑战气候，但它可以与之协作，推动其产生更多的火。在潮湿的环境中，火的大面积燃烧维持了草地或稀树草原的存在，增加了区域性火负载，调节了由闪电引发的火系统，并使得碳不被封存于间冰期复苏并繁盛生长的森林中。火是阻止树林扩张的首要工具，其力量超凡绝伦；火在潮湿草原上的作用最为明显，如北美的高草草原、非洲的热带稀树草原、南美洲的热带高草草原以及亚洲的潮湿草原。气候变暖时，火的影响范围便扩大；气候变冷时，其影响范围便保持不变。如今，取决于如何定义草地，约有20%—40%的陆地生物都生活在草地中。或许，这其中有一半的草原生物要靠火的燃烧生存，或者靠燃烧和吃草的周期交替生存。[14]

农业之火进一步扩大了人类对生物群落的影响，即对碳储量的影响。森林被清除，取而代之的是草地、灌木丛和初生林等碳储量较少的植物群落。在土地转化为湿稻田之处，甲烷——一种比二氧化碳的效力强14—20倍的温室气体——注入大气中。同样，畜牧业扩大了狩猎活动的范围，这也增加了甲烷的排放，但这次是作为家畜消化的副产品出现的。在1961年，约有36%的陆地生物出现在农业中。到1990年，由于人口增加、亚马孙热带雨林转化为牧场，印尼泥炭地转化为种植园，这一数字上升到39%。而后，随着集约型农业的发展、北美和欧洲废弃土地的增加以及亚洲快速的工业化，这一数字下降到38%，尽管扩大农场和牧场土地的压力仍在持续增加。在工业化早期阶段，各国增加产量以满足不断增加的人口需求；到了成熟阶段，工业化国家削减了边缘土地的农业生产，扩大了城市规模，鼓励重新造林并建立自然保护区。[15]

以上都是重要的数据。这些数据表明，即使在土著居民的管理方式下，森林也从未储存过大量的碳；相反，农业制度的实行释放了碳储存，并传播了新的温室气体。这一切必然在气候上表现出来。燃烧引起的大气变化有利于更多的燃烧，因此，原本能够结束间冰期的寒冷气候停滞不前；以往的节奏放缓，在一些地方气候还出现了反转；约6000年前，全球气候趋于稳定。[16]

对生活在生存经济悬崖边上的物种来说，这似乎并不稳定，年度和季节波动意味着会出现丰收和饥荒的巨大落差。但与前几个地质时期典型的大波动相比，气候异乎寻常地稳定。温暖和寒冷的时期都延长了，最著名的就是中世纪暖期（950—1300）和小冰期（1550—1850）。寒冷气候的反弹造成冲击，导致作物歉收、社会不稳定、海洋交通被冰层阻断以及迫于气候寒冷而重新安排的人类的日常生活。不过，整体的气候稳定，这种不同寻常的特点是以前各时代所没有的。回顾地质史，当前间冰期的后半段似乎是一个“漫长的夏天”。[17]

按照常规的理解，这能够揭示人类社会适应气候的方式。气候发生变化，而人类适应这些变化。气候变暖有利于人类定居和农业扩张；气候变冷则不利于人类定居，耕地因此会退化。小冰期的到来迫使人类缩小在全球的活动范围。当然，气候和人类之间的互动关系不止于此。当人类扩张活动涉及土地清理、作物种植和牲畜群的增加时，温室气体就会进入大气中；当人口下降或定居地减少时，碳就会再次被封存起来。如果范围足够大，这样的活动就会影响气候。人类的活动能够延缓或加速米兰科维奇周期的固定节律。由于亚欧大陆发生了瘟疫，再加上 16 世纪欧洲人与美洲人接触后带来的一系疾病，人口发生了灾难性下降——高达 90%。随后又发生了小冰期，废弃的土地成了森林。当人类定居点扩展到南北美洲、西伯利亚和澳大利亚，以及新的化石燃料更广泛地被获取时，寒冷期便结束了。[18]

这些历史巧合可以看作相互关联的因素，但远不能被视为原因。然而，冰层内核中二氧化碳和甲烷的印记并非假设。这种印记反映了与气候变化相一致的温室气体的变化，且这些温室气体的活动模式偏离了之前间冰期的规律。然而，封存在冰中的二氧化碳和甲烷并非假想出来的。这些变化要么有其自然原因（尽管还未被理解），要么与人类生存活动的起伏规律相关。这样想来，即使是长夏也是人类活动历史结果的一部分：人类的手段无法彻底改变米兰科维奇周期，但能减缓或影响它，赋予变化无常的气候一些稳定性。最可靠的结论是，火不仅仅是气候的附带现象，它在人类手中变成了气候变化的煽动者。由于人类所做的一切、所燃烧的一切都在生物景观的范围之内，且受到人类之火的影响，因此气候变化也存在一定的限度。大体上，对第二类火来说，人类可以扩大或缩小其弹性的边界，但无法——从长期意义上——超越这一边界。

最终，小冰河期衰退并消逝了，另一种相关的火出现了。这类火不仅包括生物景观，还包括石质景观，也就是曾经拥有生命而如今已化为煤、气和石油的生物质。事实上，人类发现了另一个新世界，这个世界位于深度时间之中。他们发掘出了化石休耕地，使之在当下燃烧，并将其排放物抛向未来。这种新火不在土地景观中燃烧，而在特殊的腔体中燃烧，这些腔体能够隔离并增强燃烧的每一个环节，将燃烧产生的能量传输至机器和远离燃烧的地方。

曾经限制火的旧生态边界消失了。就像其燃料一样，这种新火（第三类火）是无限的。它旺盛无比，不仅能调节气候的自然机制，还可能产生颠覆力量。第三类火排放的气体弥漫天空、溶入水中、浸染海洋，它的火焰明灭不定，充满了整个地球。

第四章 火生物：石质景观

詹姆斯·鲍斯威尔是一名杰出的日记作者，曾为塞缪尔·约翰逊作传。他在火史领域算不上重要人物，也的确不是。但在1776年，他的人生旅程与火的旅程奇妙地交汇了。这次邂逅使他不仅成为英国文学巨擘的传记作者，而且记录了他的时代改变火历史轨迹的方式。

3月下旬，鲍斯威尔和约翰逊前往伯明翰旅行。随后，鲍斯威尔在城镇外跋涉了2英里到达苏豪区（Soho）制造厂，在那里，他见到了马修·博尔顿——詹姆斯·瓦特的生意伙伴以及后来博尔顿和瓦特蒸汽机的制造者。鲍斯威尔慨叹约翰逊没有与他同行，因为“一些机器体积庞大，其构造的精巧程度甚至‘比得上他强大的头脑’”。博尔顿是英国皇家学会和月球学会的成员，工业革命的发起人之一。他直截了当地向鲍斯威尔描述他的生意：“先生，我这里所出售的是全世界都梦寐以求的东西——动力。”[1]

4月2日，鲍斯威尔与约翰·普林格尔爵士（时任英国皇家学会主席）和詹姆斯·库克船长（他已经结束了第二次环球航行）一同参加了一场宴会，这次约翰逊还是没有前往。鲍斯威尔说道：“与船长在一起时，我产生了强烈的好奇心，也想去冒险，我有一种强烈的冲动想要加入他的下一次航行。”约翰逊表示怀疑，一个人不可能从这样的旅行中得到那么大的收获。他翻译了洛博神父的《阿比西尼亚之旅》，又写了一本哲理小说《拉塞拉斯：阿比西尼亚王子的故事》，于书中提出了相同的观点。但时代站在了鲍斯威尔这边，它的劲风鼓满了欧洲第二大探险和殖民扩张时期的船帆。3个月后，英国在美洲的殖民地宣布独立。欧洲的殖民社会也将成为帝国主义者。[2]

蒸汽机本可以靠燃烧木材来运转，但不久后，木材储备耗尽，便转向了煤。实际上，瓦特蒸汽机（以及更早的纽可门蒸汽机）最早的用途之一就是排干煤矿中的水。就像一台会让自身更加强大的发动机一样，蒸汽被用于挖掘燃料，进而产生更多的蒸汽动力。在蒸汽机解构火的同时，启蒙运动（英国皇家学会是其中的活跃分子）正在消解作为现象的火的存在，用物理、化学和机械工程等方式来瓜分它。当火消失在引擎盖下面，它也从生活知识中消失了。火不再被视为一种普遍原则，或是一种超越性的检验和解释手段，而是弥散到能量这一概念中。火成了一门没有学科归属的科目，一个知识的弃儿，轮流寄养在不同亲戚家，但并不是所有人都欢迎它的到来。

詹姆斯·库克从纽卡斯尔运进煤炭，由此开始了他的航海生涯。随后，他将一艘运煤船翻修成英国皇家海军“奋进号”，并开启了他的第一次环球航行。这次著名航行的结果有二：一是发现了东澳大利亚；二是环新西兰航行一周，这两块地方都最终成为了英国的殖民地。尽管殖民者用木制船帆就足以运出人口、统治陆地和海洋，但新时代依靠蒸汽和钢铁来穿越海洋和大陆。第二次大发现时代成了向全球输出工业革命的媒介。

总的来说，博尔顿直言，这一切关乎动力。这次，人类的火力从生物的背景中释放出来，像其他火一样，开始重塑世界并壮大自身。古代世界认为火是四大基本元素之一。在古希腊神话中，普罗米修斯从圣坛中取得火，并将其献给人类。由于他违抗神意，便被缚在大高加索山的山顶；同样，他馈赠的火也被宏观生态进程所束缚。1818 年，玛丽·雪莱创作了《弗兰肯斯坦——现代普罗米修斯的故事》，这本书讲述了一位打破现存生物秩序科学家的故事。两年后，她的丈夫珀西·雪莱创作了《解放了的普罗米修斯》，一部庆祝泰坦神族解放的抒情诗剧。同样，新火也从古老的枷锁中解放出来，像无形的火焰一样掠过地球，改变了它所触碰到的一切。第一艘蒸汽船和蒸汽机车的出现开启了这个世纪，而结束它的则是解放了的现代普罗米修斯，这些现代普罗米修斯通过工业燃烧重塑了整个地球。

革新之火：新燃烧秩序的建立

这种转变——我们可以称之为革新之火——始于化石生物质，尤其是煤炭，其次是石油和天然气。它们选择性地取代了活的生物质，主要是木材和泥炭，在壁炉、锻炉和熔炉等不同的用火器具中燃烧。几千年以来，人类发明了不同的方法来提炼燃料，并寻找适合的设备进行燃烧。细烛燃烧的是木材；蜡烛燃烧的是石蜡；油灯燃烧的是从鲸脂中提炼的脂油。壁炉有烟道来控制气流；锻炉则有风箱来推动空气。无论在壁炉还是在锻炉中，用煤来替代木材都很容易。一个燃烧壁炉组成的村落或者大量的锻炉或冶金熔炉能够迅速消耗完一片土地上的木材。对木材的依赖意味着人们必须要花越来越多的时间收集燃料，否则只能迁徙他地，而这两件事，他们都做了。

化石燃料改变了这种动态，这是自人类获得火以来最具革命性的变化。这一转变需要合适的燃烧腔体，而在漫长的18世纪演变进程中，燃烧腔体伴随蒸汽机出现了。随后，蒸汽机得到改造并广泛传播。凭借人类的聪明才智和普罗米修斯式的雄心，这种崭新的火像先前的火一样传播开来。它的出现标志着地球之火发生了相变。

煤所含的热量高于木材；无烟煤所含热量是干木材的两倍多；天然气所含热量则比煤高出50%以上。地球上的化石燃料储量相当丰富——这是因为陆生生物的存在已经很久，在地层中留下了生物质印记。矿石的开采分布并不均匀，且因其体积巨大而笨重，只有靠近矿床的地方才最先被大规模用到蒸汽机中。新的火力蒸汽机带来了更多的引擎，使更多的人能够使用机器，燃料的用量也由此增加。更多的化石燃料矿藏被人发现，这些都是未经开发的大片休耕地，仿佛从遥远的地质时代发现的新世界。机器数量的增加意味着更多燃料被开采，这一过程呈指数级增长，人类之火的力量也随之增强。

如果说燃烧所需的燃料数量看起来无穷无尽，那么燃烧也是。生物景观有其生态边界和内部制衡机制。生物燃料的燃烧过程记录了可燃物的多寡，其储量取决于天气、季节、分解因素以及保证其生长和恢复的物候循环。就像在生态环境中一样，火的性格趋于保守：火焰所释放的，再生的物种会再次捕捉到。人类可以对这些条件进行调节，用风导火，疏散烟雾，在原本难以燃烧的地方进行砍伐和排水。但他们所做的一切不能超过土地自身的承受能力，也不能危及土地存蓄燃料的能力。

然而，石质的景观没有这样的界限。矿藏被人类开采而非种植。燃料不分昼夜冷暖，不管季节旱涝，燃烧不绝；大火

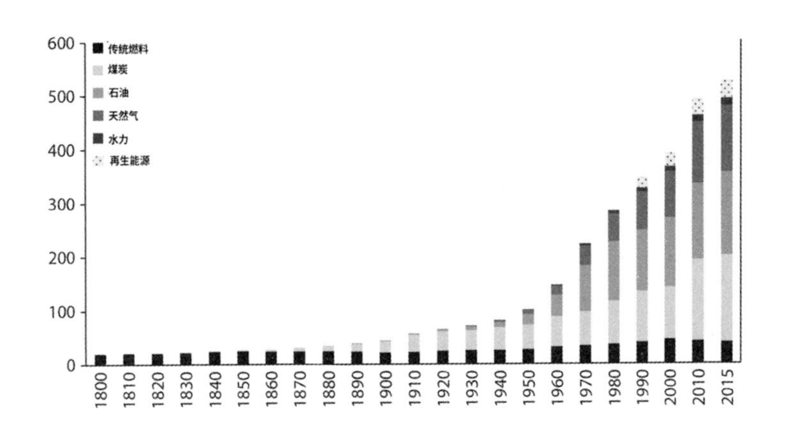

图 4-1　1800—2015 年全球主要的能源消耗，计量标准：艾焦 (EJ；1 EJ = 1018 焦耳)。除水力能源和可再生能源外，列出的所有能源都依赖于燃烧（93%）。

数据来源：瓦茨拉夫 · 斯米尔，《能量转换》，第 2 版（加利福尼亚州圣巴巴拉：普雷格，2017 年）。

既可以在遍布石砾的沙漠中也可以在茂密的热带雨林中燃烧。这类火不会回收碳，而是将之转交给深度时间，唯一能限制它的只有人类的挖掘和运输能力。随着火引擎的普及和传播，人类收集燃料的能力也增强了。

自古以来，人类对火的追寻一直是对燃料和新能源不断求索的过程。如何找到地方来存放燃烧产生的所有排放物（并处理燃烧带来的连锁效应），即寻找废料坑成了新的挑战。在几个世纪里，新燃烧弥漫大气，渗入海洋，又重回陆地。大气变暖，扰乱了古老的气候秩序。海洋酸化，冰盖融化导致海平面上升；陆地上长满新的木本植物，为生物景观贡献了燃料。加之火燃烧的古老限制消失了，发电厂的产能超过了其消除不可避免的副作用的能力，成了燃烧的工业化农场。

新的燃烧方式也改变了火与人的关系，其火力发挥从直接作用转变为间接影响，并由机器或生物质化石制成的产品作为中介。火的形、光、热、声都被降解为最基本的化学和物理表达，每一种成分都被分离和调节，因此，过去的“火”成了现在的“燃烧”，燃烧仅仅成了火的组成部分。石质景观与生物景观相互交织。霍华德·奥德姆有句著名的话：“工业时代的人不再吃阳光下长成的土豆，而是吃部分用石油制成的土豆。”人们用柴油拖拉机犁地，而不是用火来种植，生产耕牛饲料；他们不再火熏驱虫、用火施肥，而是求助于除草剂、杀虫剂和合成肥料，从生物质化石矿藏中提取，并用燃烧化石燃料的机器加工。物质世界充满了塑料产品，也处处能找到能源通道，二者都取自生物质化石矿藏。当然，建筑环境也是如此。人们可以用远方的煤炭发电厂生产的电来点亮灯泡，而不再用蜡烛和壁炉来照亮房间。[3]

新秩序拉远了人与火之间的距离。人们不再将火攥在手中，也不再看着火焰在他们周围燃烧。火的存在已经升华，人类所控制的——并且只有人类能够控制的——那种意义的火已然消失。我们再也看不到火，只有在远离我们的地方，火才以灾难的形式存在或被隔离存留，就像狼和灰熊一样渐渐淡出人的视线。火从知识的求索目标中消失了，人类最大限度地将它以科学和技术的方式进行分解、研究、组合，并投入新的应用。尽管火被分解，交付于五花八门的机器，但关于火的研究却分散在各个学科之中。燃烧归到了氧化化学，热归到了机械工程，光则归到了电磁学。无论作为一种自然现象，还是作为一个现象学概念，火以一种奇怪的方式帮助人完成了对它的解构。

矛盾的是，人类火力的升级却是以真正的火为代价的。新秩序积极地通过技术手段替代和压制天然火，以图消灭露天燃烧。技术替代消耗化石燃料和电；人为压制则意味着阻止人使用火，并用化石燃料燃烧供给的机械动力扑灭真实燃烧的火。移除水泵、电锯、引擎、飞机、直升机、装载消防人员的卡车、犁耕防火线的推土机以及由平地机和推土机建造的道路，人不可能将火封闭在乡野之地。这种策略在城市中奏效，在乡下却行不通。过去，消防员依靠预防和救急焚烧的手段，使大面积土地燃烧。随着灭火器械的普及，燃烧范围缩小，火的消失导致燃烧亏缺、生态混乱，并使得生物景观中燃料堆积。这些燃料不久将超过燃机容量，燃机装不下这些燃料，就无法控制大火。即使是救急焚烧和规划燃火，也需要以柴油和天然气为燃料的滴液点火器，需要从飞机上投下的燃烧弹，需要推土机和平地机切割并由发动机保护的防火线，需要由燃气动力车运送到现场的消防人员。

就像自然的第一类火臣服于人类的第二类火那样，第二类火也臣服于第三类火，第二自然也逐渐融入第三自然。第二类火是由人类掌控的自然之火，它为人类世提供动力。但如果人类离开，生物景观还会继续燃烧。第三类火则完全由人类创造，一旦人类不再照料它，便会自行熄灭，但它把重塑地球所需要的熊熊之火留在了补燃室之中。人类世背后的能源主宰了一切，这个时代更应该被称为火焰世。

火的转变：概念

人类与火的关系发生了逆转，这值得我们给它取个名字。“工业燃烧”似乎过于平淡，尽管“土著之火”或“农业之火”相比之下也好不了多少。不过，人们对工业化过程已经有了不少研究，应当选择一个合适的名称来突出火的相变，或者说突出一种崭新的火的点燃过程。在工业化带来的整体变化中，人口分布的变化是其中之一。或许火的分布也会经历类似的变化。人对火的原始的化身也抱有这样的期望。

人口统计学分析会将两种不同的比率或趋势结合在一起加以考量，即出生率和死亡率。工业化开始阶段，死亡率下降而出生率上升。之后出生率下降，甚至低于人口更替率值。在随后的几十年里，总人口数量会保持在高位，因为老年一代仍然健在。但最终人口相对较少的年轻一代会把人口累积数字拉低。各国在工业化开始阶段，人口会呈爆炸式增长；而在工业化成熟的国家，人口数量下降。同样的进程似乎也会发生在景观火身上。

正如我们所期待的，在新形式的火“殖民”过程中，其冲击波以多种方式表现出来，这一过程取决于它所遭遇的火景观的具体情况。在潮湿的森林地带，化石燃料的运输开辟出道路，与全球市场建立联系。在这个过程中，斧头和火袭击土地，导致林火爆发，其结果往往具有破坏性和突发性。随着以往火实践的继续，火的存在更加普遍。新燃料出现后，点火也更加容易。随后几十年的替代和压制，使火的存在减少了，低于新火替代值或降低到不足以满足燃烧的生态要求。在草地和干旱地带，这一进程导致了相反的结果。燃烧因人类内部原因遭到破坏，因为各种焚烧安排有利于经济作物再种植或造成过度放牧，或者二者兼而有之，之前的可燃物因而被替代或用作了牛羊饲料。这造成的直接结果就是，火从土地上消失了，或许只有当木本植被或外来入侵物种替代了原生植物时，火才会回来。再一次，维持火生态所需的人口降到了生态替代值以下。从这一层面上讲，人口的变迁具有启发性。

这一类比稍显勉强，也许更像一个比喻而非模型。到底什么需要测量？应该测量的是火的数量，还是被燃烧的区域？还是燃烧过程中的含碳量？这一类比在另一方面也有缺陷，因为下降的是死亡率而非出生率。传统的燃烧——第二类火的所有迭代——都消失了，对许多动植物来说，这会造成火荒。同时，新的燃烧，即第三类火呈指数增长。地球上的燃烧已经超过了它的吸收能力，失去了内部制衡和自我调整，不像人类社会中个人和地域性的决策可以控制家庭规模，限制人口规模。

随着人们逐渐放弃传统的焚烧形式，转而寻找其他燃烧替代物，并抑制各种燃火，这种转变在各处显露出来。火的消亡就像终结者一般横扫地球。它的影响一开始是一小片一小片地出现在不同社会、国家和地区，然而，随着时间的流逝，其影响通过贸易路线、思想、机构和空气扩展到全球。商业、殖民和应用科学能将这种影响传播开来，使之到达未曾有过如此体验的土地上。气候变化能影响一些地方，那里没有经历过火的转变。总的来说，火能激发出更多的火。这一过程需要专门研究：中国和印度正在经历快速工业化，并提供了一些新的数据；而在婆罗洲的印度尼西亚和亚马孙河流域的巴西，火的转变更多地发生在少有人居住的土地上。

建立一个明确的模型可能并不重要，重要的是认识到生物景观和石质景观是由火连接起来的。然而，就像人口的变迁一样，火的变迁能够揭示全球性特征，表明同样的原因会在两种过程中产生不同的结果。这不失为对地球之火的贴切描述。最初，在特定的地方，第二类火和第三类火相互竞争。只有在化石燃料的燃烧真正影响到人类生存的地方，第三类火才构成对第二类火的挑战。一些国家可能有丰富的煤炭和石油储量，却选择出口或将这笔财富转让给精英阶层（这就是资源诅咒）。然而，随着时间的流逝，温室气体的全球化效应改变了气候，影响到所有地方，无论距离第二类火（甚至任何形式的火）的日常范围有多远。中国、印度、德国和宾夕法尼亚的煤炭工厂能融化北冰洋的浮冰、冰岛的冰川、格陵兰岛和南极洲的冰原，能影响澳大利亚、阿根廷和西伯利亚的火系统。

从地质的历史中取出燃料，在当下燃烧，然后将废气排向地质的未来——这是一条新的火的叙事弧线，是地球历史上最宏伟的标志之一。这两类火（生物景观和石质景观）在当下如何相互影响，这便是火的变迁史。至今，人们鲜少系统性地研究这种变迁，而火变迁作为火生态的内在组成，人们对它所知甚少。即便有人对它进行思考，也只是视之为表层现象，而非本质。通常意义上，人们只是用它来发挥警报作用，让人们意识到气候变化的危险；人们并没有认识到，火是一切变化背后的动力，也是理解火历史的叙事动力。

火的转变：实践

火的转变是一个黯淡的历程，它最终将影响人类居住或仅仅偶有接触的每一处环境。通过技术替换，火在转变过程中找到了替代品，并将火焰转化为电，改变了燃烧的特质及其与人类的关系。火的转变极大地增强了人类的力量，打乱了碳、氮和硫的生物地理循环，并使人能够漂洋过海地运输沙子和垃圾等大宗货物。火的转变影响了人规划土地的方式，改变了火环境尤其是燃料的基础条件。火的转变渗透，进而覆盖整个大气层，它改变了气候，又通过气候改变了整个地球表面。小到一张桌子，大到整个地球，人类手中火焰的力量正在重塑我们的家园。第三类火正在创造第三自然。

这种转变正将熊熊燃烧的劳作之火从人类的居住环境中清除出去，它将火从房屋、工厂和城市等建筑环境中清除，从原始和农业景观中清除，甚至将它从远离人类的娱乐场和自然保护区中永久地清除出去。它类似于传统小面积燃烧的逆向过程：火从局部地区消失，随着时间的推移，这些地方将遁入无火的黑暗之中。随着新的人类之火的力量重塑交通和气候，无火区彼此相接，面积越来越大，有的甚至接近了大陆的规模。即使在卫星图像中，火的消失也与其存在同样醒目。这一转变解释了一个巨大的悖论：即使野火肆虐的消息频频出现在屏幕和新闻头条，生物景观中火的数量也在不断减少。[4]

更确切地说，人类试图把火清除出去。在人工环境中，适宜地置换火是可行的，且通常是可取的，火焰成了某种仪式性的存在。然而在容易着火的自然环境中，即便只是尝试性地抑制火，也会破坏火景观，使之恶化。人类设计出一种新工具，便无所不用，毫不顾忌其长期后果。火——除了作为一种工具——已经或多或少地从先进的启蒙社会中消失了。它不再是一个严肃的研究对象，因此，人们很容易忽视将它从景观中移除后可能产生何种后果，仿佛只是把火从厨房中移除一样微不足道。五花八门的机器开始出现，在它们的推动下，一种新的工业燃烧生态悄然出现。

第三自然的人造景观

这种转变在建筑环境中最为彻底。曾经，房屋和小镇所用的建筑材料和周围环境是相同的；即使使用了砖块、土坯或石头，屋顶仍然使用的是轻型材料（材料来自容易燃火的乡村）或者用木材做支撑，而这些小镇和周围的环境一样频频发生燃火事件。

现在城市的核心地带都是由不可燃材料建造的，这些材料从某种程度上经历了火的淬炼后才成为钢铁、玻璃、水泥或砖块。曾经，室内满是燃烧的火焰：蜡烛和枝形吊灯用于照明，壁炉用于供暖，炉具用于烹饪。现在，这些火焰已经消失，或者让步于更易控制的化石燃料，如天然气或丙烷。电灯泡取代了蜡烛，电灶或丙烷炉取代了炉火，电炉、煤气炉、燃油炉或热泵取代了燃烧的壁炉。室内家具都是经过防火测试的。即使是消防措施也依赖于电和气来报警、触发消防喷淋、给泵和引擎提供电力，并维持基础设施。城市已不再受日常火灾的困扰，也不再用传水救火的方式和手动水泵来灭火，或者拆除一些建筑来修建防火道。

然而讽刺的是，在推动新的城市景观建设过程中，向化石燃料文明的过渡让火回到建筑环境中，使建筑环境和野外环境充分接近，跨越二者之间的间隔。1992—2015 年期间，美国有 100 万所房屋位于野火范围内，位于城市中心以外约 97% 的居民面临着潜在的野火威胁。

这就是美国人在其土地上的生活方式所带来的结果——交通使服务型经济再度据有先前的乡野景观；或者城市建筑紧邻乡野而建；或者往大了说，生物景观与石质景观发生了交织。住宅内部的燃烧促使居住地变得分散，休耕土地面积缩小，电线冒出火花。每种行为都有特定的反应，每种原因都有其影响，但新生的危机是，化石燃料文明的种种产品以无法预料的危险方式结合起来。[5]

这一转变有不少地方值得称赞。室内炉火和炊烟对健康造成慢性损伤，而供暖火会使城市笼罩在黯淡的烟幕之下。城市中不再有熊熊大火，只有地震、战争或暴动才能摧毁城市景观，把它变成易燃的碎片废墟，丧失反应能力。火的威胁依然存在，就像一个性情古怪却引人注目的家伙，它无影无形，却在不断地破坏周遭环境。不过，火灾越来越罕见。大多数现代消防部门已经进化，能够应对各种灾害，提供针对性服务，而救火只是其服务的一小部分。第三类火的第三自然甚至拥有假火或在屏幕上燃烧的光电之火。人们不再燃烧圣诞木，只需要播放一段视频（如电影《壁炉》）即可，家庭娱乐中心取代了壁炉。

火的某些特征也得以保留。交通车道是新的火力线。发电厂、购物中心、工厂、公寓，凡是有人聚集并需要能量的地方，都是新的用火场所。尽管火已经遁形，但它的缺场是顺应人类意愿的结果。现代建筑材料都经过了耐火性能测试，都配备了烟雾探测器和自动喷水器，都拥有便于火灾发生时撤离的功能，都设计了安全出口、立起标志，并用建筑自身的电源供电。即便火不再显形，也仍在改变着工业城市。

第三自然的乡野景观

令人惊讶的是，类似的情况也适用于第二自然世界里的第二类火。在这里，火不仅仅是一种机械工具，一种利用火的这种或其他特性的装置，而是与人类可以轻微控制的露天景观互动的过程。第二类火的属性来自周围环境的特征：它是半驯化的火，就像休耕地、收割甘蔗或小麦后的残茬、刀耕火种土地上被砍伐的树林。说它像上了发条的钟，倒不如说它像从野外捕获的象或马，训练之后才可以派上用场。但人类的控制也是有限的，这取决于预备场地的属性，只有部分场地能被操纵，其精度要求就像火力驱动的发动机一样准确。

农牧民想要的是火能够提供的生态推力。人类借助火的燃烧路径重建出一套微型气候，刺激并净化土壤，让深埋在朽木或废墟中的营养得到释放，进入土地、水和空气。一场益火能短暂地清除旧生物群，使土地便于培育新的品种，或者为新的放牧周期提供新鲜饲料。农业的开展需要完成各种任务，而一场火就能解决许多问题。

不过，将篝火变为电炉之火的还原理论，也能为人类找到替代焚烧田地的方法。火将残茬和断枝转化为可利用的营养物质，通常会刺激固氮生物的生长。替代方法是什么？是粪便和人工化肥。火将多余的植被烧掉，使田地足以种植一到两年的作物。替代方法是什么？是化学除草剂和拖拉机。火在一段时间内可以清除和熏死干扰性物种。替代方法是什么？是化学杀虫剂。火只需一次性燃烧和烟熏就能做到这一切。替代方法是什么？没有了。在集约型种植经济中，人们并不奢望实现所有这些结果，只希望实现使产量最大化的那几个。

有火而无焰，有烟而无火，施肥而无灰，烟熏而无烟——工业化的农业选择需要的，丢弃无用的。农业之火的每个方面都得以确立、分离和改良，实际上，这正是科学方法的初衷。将火作为一个整体能完成许多事，但没有一个能做到极致。原则上讲，火的每一方面的效力都可以改进。就像电灯泡能产生更多光亮却不会产生更多热量，或者电灶产生更多热量却不生成烟雾一样，科技能应用于农业，最终把火从田地中抽取出来。换个更恰当的说法：科技能用更具体的、更有针对性的过程代替火焰。人工肥料、杀虫剂、除草剂和促进植物进入花期的烟雾活性化合物——每种物质都能替代火的某一特性，泵、拖拉机和化石燃料驱动的飞机用于输送这些物质。火通过烟雾所完成的工作，现在由一系列技术替代了，且每种技术都有对应的任务。

这样做的目的是将每种特点的效果最大化，最终使土地的经济效益最大化。然而，不像工厂那样，工程师并不能控制所有要素，因而不可能将每一个改良部分重组，使之成为具有类似效果的完整系统。没有哪种机械或化学物质能在整体的复杂性上代替火。火耕农业将火的第一自然调整为第二自然，但仍保留了前者的绝大部分功能及二者之间的互动，并使用火（也属于第一自然的一部分）来协助完成这种转变。第三类火农业传播化学物质，却不需要在第一自然和第二自然中传输化学物质的生物物种，它不需要火的催化也能够重新做出调整。农场更像一个生产加工厂。和工厂一样，它不使用火，而使用机器。每台机器执行单一的任务，从而免去火所需要的复杂的交互过程。

由于对火没有明显的需求，也就对休耕没有明显的需求，而这也一直是欧洲农学家所讨厌的。还有更多的土地是适于耕种的，且大多数可以用于种植单一作物。刀耕火种或轮作农业形成分散的耕地，分别处于割草、犁耕、种植和休耕等不同状态，但这一切都消失了。随之消失的则是丰富无比的多样性生物系统，包括许多可以用于饲养牲畜、制药、补充性狩猎和诱捕的物种，也全部消失了。第二自然重新组织了第一自然，以更好地配合人类的雄心；第三自然则简化了生产场地，摒弃了不能用于最大化生产的场地。生境消失了，没有了为旧秩序提供动力的火，未耕种的土地得以留存下来。

但是就像火被解构，变成为机器一样，休耕地也找到了新身份。对第三自然来说，丰富的化石生物储备就是休耕地。化石生物不仅提供燃料，也是化学物质的来源，而这些化学物质经过提炼还会变成肥料、农药，还能变成替代性原材料，经过提取制作成塑料，用以替代木头、石头和金属等天然材料。通过将化石休耕地纳入生产过程，人类力量得到增强，并进入一个新世界，这里并非只有土地，而是资源丰富，用之不竭。

第三类火的荒地

人类拥有的新火力首先促进了森林和草地向农场和牧场的转变。集约型农业的发展进一步导致休耕地减少以及人口从边远居住地撤离。人类不惜路途遥远，铺设道路，形成交通运输系统，连接起资源和消费群体，这也促进了捕猎贸易——试想一下，狩猎野牛可以制作皮革，捕捉飞鸟可以制作装饰帽。相应地，国家支持的水土保护政策将防止过度狩猎、生境丧失和森林破坏设为其核心使命的一部分。如果自然不对人类加以限制，至少在有意义的时间范围内，人类将不得不这样做。

其中一个应对措施是封山育林，另一个应对措施是建立公园和自然保护区。两者共同创造了一个替代景观——它们对于第三自然的意义就像休耕地对于第二自然的意义。这些区域不仅包括神圣的林地，王宫贵族的狩猎场，还包括国家（公共）管理下的乡村重要地带，其目的在于保存第一自然——防止工业燃烧不可阻挡的力量彻底毁掉自然景观，保护用地面积的增长与化石燃料的燃烧曲线相匹配。虽然相关度并不意味着因果关系，但还是难以相信各种自然保护区的出现不是火转变过程中的副产品。保护区的经济学和美学价值就是工业经济的经济学和美学价值，是对火转变带来的冲击波的反应。

大多数保护区都会燃烧，因此，问题在于如何应对大火。工业社会把对待荒地之火的态度用于对待城市之火，这并非必然。实际上，工业社会的做法——它们给未来树立了错误的典型——是不同因素与火转变相混合的结果。没有一个因素是真正独立的，因为一切都是它们自身放大的结果，只是在第三类火的帮助下汇聚在一起了。

让我们从欧洲的重新扩张开始——这次是北方国家的扩张。一些国家，像印度、阿尔及利亚、加纳是由欧洲间接统治的。有几个国家接收了大量移民，成为移民国家。所有这些国家都感到了全球化经济加快的步伐，或者至少经历了毫无节制的资本主义砍伐森林、滥杀野生动物、破坏土壤、掠夺矿藏的暴行。蒸汽机使内陆景观开放，为全球市场开辟运输线。人们不需要铁轨来砍伐森林，不需要汽船来漂洋过海运送木材（或在大草原和稀树平原过度放牧导致土地贫瘠），但工业时代的交通以过往难以想象的速度和规模将供应商和消费者连接起来。在美国西部大规模地过度放牧，在北方森林清场伐木，在大平原上破坏草场——如果没有铁路的催化作用，所有的一切都不会以这样的速度、强度和程度发生。

森林的破坏尤其会导致火灾爆发，地方性消防管控力不从心。因此，国家力量，尤其是帝国政府或国民政府，必须加以干预——必须介入伐木工、矿工、牧场主对森林、水、土壤的开采，并对其他人进行干预。这些人操控游离资本，借助蒸汽机的强大力量在公共土地上肆意妄为，常常留下大片的可燃污染物。从国家支持保护区的名义来说，确实做到了。毫无疑问，面积广袤的森林保留地以及对其实施监管的林业局，其背后的存在目的便是如此。它们的主要任务就是控制伐木、抑制燃烧——让国家地产免受毫无节制的“火烧斧伐”的破坏（根据经验法则，野火摧毁的森林是伐木破坏的十倍）。这项工程旨在使当前一代人免遭灾难，也让下一代免受“木材饥荒”和被毁坏的水流域的困扰。

这一切都是现代、理性国家的分内之事。相似的制度和思想传遍了法兰西、不列颠、荷兰和俄罗斯帝国，并在像美国、加拿大和澳大利亚这样的移民国家获得了第二次生命。德国人擅长林业；法国人将其作为国家目标；英国人为了造福帝国，建立了林业模式。将土地从农民、土著民和启蒙程度较低的国家手中接管过来，当然牵涉经济利益，但林业也是一个理由。有趣的是，气候成为首要问题。早期对岛屿的殖民过程给欧洲的学者留下了一种印象，即砍伐或烧毁森林会导致天气不稳定，引发干旱和洪水。[6]

保护区被移交给林务员来监管。这个名分十分重要：林务员当然要监管森林。但是，保护区除了保护木材，还有其他目的，而林业可能是最落后的行业，对火灾所知甚少，不足以对付火灾。林业界不仅憎恨和害怕火灾，还对其一无所知。林业界仍然在温带欧洲的背景下考量火灾，而这里却是地球与众不同的区域，并没有发生常规火灾的自然基础。凡是存在的火都是由人燃烧起来的，这意味着火是一个社会问题。提出由国家支持林业这一思想的创始人，如伯恩哈德·费尔诺，甚至坚持认为火不是林学的正式一部分，消防是森林管理的前提条件。消防，更不用说任何可能与消防管理近似的概念，甚至都不在林业的专业课程中。

然而，防火却势不可当地成为林业的标志性使命，能力的强弱成为衡量防火成功与否的指标。在20世纪的大部分时间里，林业管理者竭尽所能地想灭绝火灾。他们阻止传统的焚烧，抑制任何原因的燃火，循着烟火一路追踪到远隔万里的内陆。直到1953年，美国一篇关于防火的文章评论道："这种'传统训练'的影响是，许多年轻的林务员发现，他们4/5的工作都放在了防止森林着火方面，所受的训练却只有1/5。"如果说，火灾误导了欧洲林学的传统关注点，它也让森林官僚机构大大膨胀。火灾给这些机构树立了一个必须抵抗的劲敌，一个衡量成功的标志，一个使其在公众和政治主子面前显示存在的机会。[7]

因为大型保护区由林务员监管，所以火科学强调防火的重要性，又因为林务员成为大众默认的景观火灾预言师和调控者，他们的信条便得以传播到保护区之外。然而，许多野生动物保护区（大多数的建立是为了保护大型野生动物）开始持不同的观点，即火灾即使看起来令人反感，但实际上是有必要的。然而，这些保护区普遍归林业消防部门管辖。国家公园也是如此。从美国到巴西再到埃塞俄比亚，无一不试图遏制人类焚烧（即非自然的燃烧）和闪电造成的火灾（其本质具有破坏性）。由于林业具有强大的政治权力和制度性权威，其统治势力甚至广泛延伸到农村地区。在城市之外，林业机构成了国家消防力量的面孔和力量来源。没有学术或科学上的平衡力量能挑战林业界对火灾的阐释。在火灾时代过去后，火转变带来的振荡及其引发的冲击波仍在继续。

事实证明，早期的火灾控制相对简单（尽管在许多从业者看来并非如此）。早些年，火灾频发地区的火灾很容易被控制，因为持续的燃烧使可燃物保持在较低水平，或者在容易发生树冠火的地方，使树冠保持分散隔离状态。消防车和继承性景观的存在意味着火灾控制对大多数火来说是成功的。随着时间的推移，燃料的分布范围扩散，地区密度变大，防火控制则需要更多能量来应对更为猛烈的火焰。最终，只有最猛烈的火被放弃，准确地说是那些破坏力最大、最难以遏制的火被放弃，这些火人类无能为力，只能等到风停下来或者燃料消耗完毕才会熄灭。

在 20 世纪早期，加利福尼亚州北部发生了一件事，其结果发人深省。美国林务局的两位高管，S.B. 肖和 E.I. 科托克描述了当时的情况。国家森林保护区成立的时候，每个人都加入防止森林大火的队伍中，这成了一个“规矩”。那种认为“从几百万英亩的土地上把火灾完全排除出去的想法，被普遍认为是不经之谈”。批评者预言，如果真要这么尝试，将会有

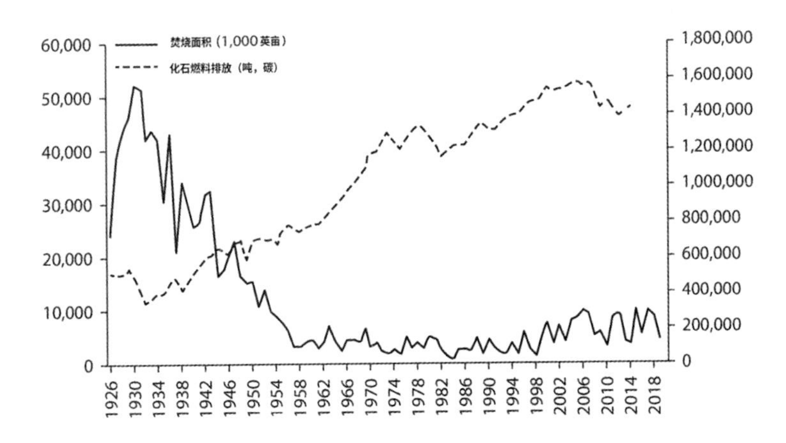

图 4-2　两类火相互竞争：美国燃烧的面积（1000 英亩，竖轴）和化石燃料排放的碳（吨，横轴）对比图。

化石燃料排放数据来源：美国能源部二氧化碳信息分析中心。

燃烧区域数据来源：美国国家跨部门消防中心。1926—1970 年的数据来自《美国历史统计数据》。参与克拉克 - 麦克纳里项目的州也包含其中；阿拉斯加州的数据从 1959 年开始。普通报告表的数据仅从 1983 年起适用。结果显示，随着时间轴增长，更多地区进入统计范围。但即便如此，燃烧的地区数量仍然减少了。1926 年以前有关燃烧地区的数据几乎可以确定要高于 1926—1930 年间的记录。该数据适用于野火，不包含农业燃烧。农业燃烧仍在继续，但速度在放缓。

各种各样的弊病，而不仅仅是“无法控制的树冠火”。正如预言所说，随着消防措施的加强，易燃物的数量“大大增加了”。这使得当地人开始放火——有些人是纵火犯，有些人是试图恢复传统焚烧习俗的抗议者，但他们都同样被认为是危险人士，“不仅因为他们的直接行动，更因为他们公开宣扬火灾的好处”。最后，林业部门取得了胜利。林务官得到了厚厚的再生植物和灌木丛，而后代则认为这些是引发野火，使之不可收拾的罪魁祸首。在当时，权威部门没有察觉丝毫的讽刺或怀疑。2017—2020 年之间，这一地区连续遭受了几场大火，一场蔓延到圣罗莎市中心，一场火龙卷风席卷了雷丁，还有一场烧毁了天堂镇，造成 85 人丧生。[8]

公园、野生动植物保护区和原始自然保护区不仅遭受持续恶化的火灾影响，也受到失去有益之火造成的生态影响。到 20 世纪后期，林业光辉不再，点火而非灭火成了林业管理的目标。尽管如此，在渴望进步的发展中国家，灭火仍然是现代化的重要象征——这不仅是一场针对火焰的斗争，也是一场针对传统实践的斗争。传统阻碍了发展，使许多国家深陷迷信和落后的泥淖。最初，精英们反对民间意见，主张灭火；现在，在成熟的发达国家，精英们要恢复火的燃烧，而公众，尤其大多数城市居民，由于长期接受火灾负面信息的影响，支持对火进行抑制。讽刺就像克莱因瓶重新返回到自身。[9]

这就是所谓的火的悖论。在城市中奏效的会在荒野中失效。经历了一系列历史变故或事件之后，火的转变扰乱了火场秩序，以至于凶火太多，益火太少。在澳大利亚，将控制燃烧作为管理火灾基本对策的做法出现在20世纪50年代；在美国，这一做法则出现在20世纪60年代和70年代。随着排斥火灾的全部影响显现出来，林业界不得不先是放弃对火科学的垄断，然后又放弃对火灾管理的垄断。“二战”后爆发的去殖民化过程不仅解放了国家，也废除了帝国统治的官僚手段，林业局赫然在列。然而那个时代的痕迹已然被刻入遭到破坏的生物群中；那时的人口主要是城市居民，他们没有日常点火的习惯；传统的火文化被孤立，显得微弱无力。让火重新点燃，需要做出不懈的努力。

然而从火焰时代带来的悖论是，未来将有更多的火燃烧起来。唯一的选择是要燃烧野生火、野蛮火，还是人为之火。

烈火

火的转变始于各种火之间的竞争，但逐渐演变为共谋关系。地球夜间的卫星图像很好地展示了这种竞争关系。地球上有两片鲜明的光亮区域：一片光亮来自生物景观中的燃烧的火焰，另一片光亮来自燃烧的石质景观。因为燃烧排放的气体在大气中混合，那些分散的燃烧地点和火源能影响每个地方的环境，即使没有发生火转变的地方也是如此。地球温暖的气候作用与燃烧的大火，起到了增强性能的作用，通常会加速、扩大和加剧火的燃烧。

野外的火愈演愈烈。火焰冲进远郊，偶尔也将火苗带到市中心，从加利福尼亚州的圣罗莎到田纳西州的加特林堡，火苗无处不在。大火与人类清理土地、伐木活动、人为焚烧，与入侵物种的活动以及不稳定的气候相互交织，一起改造了景观，使之变成典型的易燃地区。燃烧的累积效应将更新世的最后残余生命逼进了避难所，然后使其灭绝——包括冰川、巨型动物群和不耐火的植物群。

这一转变在空间和时间上的分布都比较突兀。几十年来，它在某些地方迅速蔓延，而在另一些地方，其影响则通过气候变化、海平面上升、瘟疫与虫害、外来物种入侵和本地物种灭绝等现象间接体现出来。火的转变也不是线性的系统变化，不是用一种燃烧代替另一种燃烧，就像用二氧化硅代替木质素来制造石化木材那样。火的转变并非一种物质，而是一个过程。对人类来说，这个过程可能需要经历几代人的时间；在人类以外的时间范畴中，它可能会突然发生，就像一个猛子扎入时间之河当中一样。从某种意义上说，自从上次大冰层融化以来，人类的火力一直在增强。第三类火为火焰时代的前进提供了加力燃烧。

火的转变重塑了人类的生存环境，这一点值得称道。厨房和城镇不再烟雾缭绕，火灾不再频频侵扰易燃房屋和城市，人们也不需要不断寻找薪柴。与儿童或第二类火不同，第三类火不需要社会的持续关照。这一转变，一旦超越了其冲击波阶段，即其泛滥阶段，就让人类尝到了它的甜头。照料火的苦差没有了。就像温暖气候中厨房常常与主宅分开一样，现在的火力来源也远离其使用地点，不再有令人厌恶的烟尘排放形成的云雾无形地注入大气。明火的危险——尤其是建筑环境中的明火危险——减少了。

但是，这种转变是有代价的。火的转变发生在局部，任何一个地方都存在这样或那样的火。同样，人类为了避免农业火造成的混乱会生产出化学物质，由此带来环境污染（几乎所有的阻燃剂都可能致癌，这提醒我们燃烧是生命世界的基础，而不是外来异物）。从已经适应火的荒野和乡村地区将火驱除，这会破坏景观，助长有害燃烧。就像抗生素，自被人类发现后就被滥用、误用并失去效用，化石燃料的过度使用创造了条件，使野火有可能卷土重来。个人的选择升级为社会环境的重塑，局部问题演变成全球性问题。

在大多数火灾中，吸引人注意的是火焰。它与观察者一样占据同等地位，它的作用维度与人类的感知规模相一致。但火的构成中最广阔的部分是它的羽流，其高度可以凌驾于最高的山峰之上。2019—2020 年全球火灾爆发期间，最能引起公众想象的是火焰大对流柱的景象，火柱像黑洞一样在大气中缓慢盘旋，滚滚浓烟将正午变成午夜，将悉尼到旧金山的大城市居民困在室内长达数周之久。自 20 世纪 30 年代沙尘暴呼啸而来，人类与自然不愉快的碰撞从未有过如此引人注目的视觉表现。

羽流发出了另一个或许更凶险的信号。炽烈的火焰会产生雷暴云砧，即所谓的火积云。水蒸气上升、冷却，在合适的大气中翻滚膨胀，形成雷暴，最终以晶体帽、降雨、山体与建筑崩塌时的剧烈下行气流和闪电的形式结束。下降气流的冲刷反过来会在雷暴下方引发火灾，而闪电会在狂风来临之前引发更多的火灾。这种现象并不常见，但也不罕见。大多数火灾都不能产生所需的能量，大型火灾通常会借助风势移动，而大风会改变对流柱，使之弯曲或断裂。这是一种正常现象。近几十年来，这一现象变得更加突出、频繁，也常常成为人们的研究对象。

这也可以作为一个隐喻模型，使人们借以理解第三类火与大气如何相互作用并在生物景观中生产更多的火。火能生火，并创造条件点燃更多的火，这一直是不争的事实。然而，生物景观中的火有人类的阻燃挡板，可以防止火四处肆虐；石质景观中的火灾则没有任何阻拦。相反，它们重新组合燃料，改变气候，在羽流下方的火焰燃起之前点燃大火。借助人类的火力，从更新世开始的另一次间冰期沸腾起来，甚至冲破了大气中的古老限制，将影响范围延伸到火焰燃烧的前线。一个有各种火焰燃烧的时代变成了火焰产生广泛影响的时代，一个全面的火时代。

第五章 火焰世

让我们来看看四场火灾的例子。

2016 年五一国际劳动节当天，加拿大阿尔伯塔省的麦克默里堡西南发生了一场起因不明的大火（虽然极有可能是人为纵火）。两天之后，熊熊大火形成火积云，吹过阿萨巴斯卡河，来势汹汹地袭向小镇，迫使当地居民大规模撤离。大火摧毁了 2400 座建筑，还导致当地以油砂生产为基业的经济停顿。这场大火迅速向东蔓延开来，最后入侵萨斯喀彻温省，甚至烧透了帮助大雪覆盖的植被越冬的有机土壤。大火产生的烟雾飘向南方，将美国一半国土笼罩，直到 2017 年 8 月 2 日才宣告灾情结束。火灾引起的最终受灾面积估计超过 120 万英亩，最终直接和间接损失估计达 99 亿美元。[1]

马河大火（官方命名如此）并非加拿大有记录以来的最大火灾，也并非第一次对人类社区造成破坏的火灾。在殖民开荒时代，波丘派恩、科克伦和黑利伯里等城镇都曾毁于大火；此外，2011 年，同样在阿尔伯塔省，在类似的情况下，一场类似的大火从马河附近的北方森林席卷而出，吞噬了奴湖的城镇核心地带。北方森林一旦烧起来，森林环抱中的人类社区若无防护，也会遭受火焰的毒舌。马河大火具有重大历史意义，但并非绝无仅有，火焰重返某种程度上就像一场早以为被赶走的瘟疫再度降临。

这场大火特别有趣之处在于它和两片燃烧区域之间的关系，这两片区域影响着当地的火灾地理分布情况。现代麦克默里堡就是为了其北边的阿萨巴斯卡油砂产业而存在的。在此地，石油埋藏在地球上最易燃的森林之下，从岩石景观中提取，成为污染最严重的化石燃料生产活动。然而，就像石油在受热后被挤出岩石一样，麦克默里堡小镇也被挤压在生物和岩石景观之间。2016 年 5 月，这两片通常泾渭分明的火区域狭路相逢。这次遭遇在许多照片中都有记录——小镇火光冲天，火焰从森林上空喷薄而出，而照片前景中满地都是车辆——有的小汽车被火熔化，有的满载难民行进在路上，还有的大卡车拖着汽油给这些小汽车提供能源。这场大火是人类燃烧的结果，如同一根从两头点燃的蜡烛，现在火焰终于交汇在一起了。

一年之后，2017 年的 6 月 17 日至 18 日，大火降临葡萄牙中部。当时的天气具备大火燃烧的典型条件——历史罕见的热浪导致天气炎热干燥，热带风暴“路西法”又带来了大风。据报道，干燥的闪电和人为点火引发了 156 起火灾，大多发生在科英布拉东南部。然而，点火需要引燃物，几处小火最终变成大火，正是当地随处可见的绝佳易燃物点燃的。火焰在种有松树和桉树这些外来品种的人工林和废弃的油田上肆虐。大火燃烧面积达 130 万英亩，让灭火行动受到极大阻碍。大火毁坏了通信网络，切断了电线，并造成至少 66 人死亡，其中大多数是逃离大佩德罗冈火灾附近的居民。10 月 15 日至 17 日，这里又发生了一场大火。葡萄牙占欧洲陆地面积的 2%，但这一年大火烧毁的面积却占了欧洲总烧毁面积的 60%。[2]

这场大火并非如充满同情心的评论家所说是史无前例、出人意料的火灾。葡萄牙属于地中海气候，利于火灾频发，尽管几个世纪以来葡萄牙的密集（甚至过度密集）种植一直抑制了火灾的爆发。到 20 世纪 70 年代中期，葡萄牙结束独裁统治，加入了欧盟。葡萄牙由此进入现代经济模式，传统农业便丧失了吸引力，导致产能不足，这一切促使当地大量人口从农村迁移到城市，乡村因此长满了易燃的灌木和干燥的树林。以前用来防火的基础设施也都逐渐消失了，就像远郊居民侵入乡村一样，现代消防机构承担起了消防责任。

这还不够，除非付出极大的代价，否则永远都不够。从 1974 年起，火灾数量急剧增长，被烧的土地面积也增加了（有时候是爆炸性增加），在极端火灾事件中灭火行动失败了，而这恰恰发生在最需要灭火的时候。1991 年，该地区发生了严重的火灾；2003 年，大火甚至蔓延烧到科英布拉；2005 年，大火卷土重来。也许世界上没有哪个国家像葡萄牙这样遭受过如此多的严重的火灾，尽管如此，火灾实际上是个区域性问题，西班牙、法国南部，尤其希腊也深受其扰。实际上，葡萄牙发生大火的时候，法国的普罗旺斯也正在烧着。

与麦克默里堡不同的是，大佩德罗冈这样的村庄并不是在易燃的地理环境中新建而成的，这些村庄实际上都坐落在古城镇遗址之上，只不过周围有了新的景观。靠化石燃料驱动的经济间接而非直接地支撑了这一景象，因为乡村被遗弃了，年轻人抛弃了乡村经济，迁移到了里斯本和波尔图这样的现代都市。在工业经济的牵引下，由传统农业构成的火景观分崩离析。倘若麦克默里堡在某种程度上是不断推进的前线哨所，那么葡萄牙中部的城镇则是撤退途中的岗哨。推动这一进程的因素与其说是全球气候，倒不如说是全球经济。

这一地区曾经特有的小型田野火和牧场火，最终因第二类火的消除而屈服，不得不在第一类火和第三类火之间仓皇遁形并被取代。闪电引燃了大部分火灾，人工的内燃则试图与之抗衡。野火的增加体现了第二类火的消失轨迹。在两个火区域交叉点的大佩德罗冈外的 N-236 高速公路上，30 人死在车里，另外 17 人在车附近丧命。这里是火焰世的边界，是火的天地。

接下来的这场火灾也早埋有伏笔。加利福尼亚州的天堂镇在坎普大火肆虐之前就收到了预警，此地长期被视作火灾风险重地，在过去 20 年里经历了 13 场大火。2008 年爆发了两场火灾，虽不致命，也算得上火的彩排亮相。2018 年夏季，天堂镇还获得一项支持减灾的区域性拨款。2018 年 11 月 8 日早晨 6 点 15 分，距离日出还有 1 小时，东风呼啸，一条电线出了故障，火花乱迸，不到 18 分钟，大火就蔓延了 10 英亩；1 小时 45 分钟过后，整个小镇笼罩在余烬之下；又过了 1 小时，整座小镇只剩下一堆冒烟的废墟、混凝土基座和被火熔化的车子。直到 17 天后下起了雨，大火才终于熄灭。

大火造成的损失极大，85 人死亡，18 661 座建筑被毁，通信设施遭受破坏，旧金山湾区被淹，临近的中央山谷空气污染突破纪录，数以千计的居民流离失所，他们成为又一批火灾难民。现代生活的合成材料成分复杂，因此，小镇在火灾后被宣布为不宜居住之地，除非灾后难以控制的有毒废墟得到妥善清理（清理合同高达 30 亿美元）。保险索赔尤其给小公司造成了压力。太平洋燃气电力公司因为电网故障面临高达 300 亿美元的损失索赔额，最终申请破产保护，而各保险公司的首席执行官也面临玩忽职守的犯罪指控。为避免重蹈覆辙，公用事业单位开始在出现预警的时候切断电源，这使数以百万计的用户受到影响。相应地，保险公司惩罚性地提高了保险费率。这是当年代价最高的全球性灾难，带来的连锁反应仍将持续多年。[3]

加利福尼亚是一个为燃烧——有时会是剧烈燃烧——而建的州，火灾已成为其自然地理密不可分的一部分。在坎普大火吞噬天堂镇的同时，加州南部地区在和伍尔西大火进行搏斗，这场火灾是该州有记录以来最大的一场火灾。在坎普大火爆发前的 12 个月里，加州经历了两波火灾，其中，2017 年秋季的一次火灾使该州南北区域都受到了影响，这期间，塔布斯的大火席卷了圣罗莎，焚毁了 5643 座建筑；2018 年 8 月，加州北部爆发了几场大火，其中一场大火演变成烈焰龙卷风，席卷了雷丁镇。加州和大火，真算得上莫逆之交了。

话虽这么说，加州过去往往经历一场大火或者系列火灾后，就会出现一段五到十几年的平静期，这里提到的三场大火却发生在同一年（随后在2019年和2020年又发生了几次）。大火不足为奇，连环火灾才引人瞩目，这意味着什么地方不对头。研究调查大火起因的观察者指出了一些原因：气候变得难以捉摸；不当的土地使用使得小火难以发生，因而一着火即是大火；人们不相信城市大火能从远郊蔓延到市中心；人们盲目自信，认为部署更多的消防车和灭火飞机就能遏制住火势。加州拥有全世界数一数二的消防设施，拥有全美五支最大的消防队，此外还有一个世纪之久的实战灭火经验。然而到了2020年，加州无法再自欺欺人地相信，仅凭一个消防机构就能调节好加州火景与人类对火灾置之不理的理想生活方式之间的矛盾。加州进入了新时代。

澳大利亚似乎也是如此，2019—2020年的森林大火比往常提前了一个月，从9月开始一直烧到第二年2月中旬。即使对一个以山火闻名的大陆来说，这也是一个异常的季节：陆地长期干旱；天气炎热难耐，打破了以往纪录；干燥的闪电频频发生；人类点火燃烧的活动——从直升机着陆灯到养蜂作业——频率加快；消防组织主要由志愿者组成，也已经精疲力竭。许多观察人士认为，这场大火标志着新时代的到来。[4]

火灾的初步报告为我们勾勒出这场灾难的大致叙事轮廓。

大火波及澳大利亚的每一个州和地区，尽管烧得最严重的地区从袋鼠岛一路延伸到新南威尔士州海岸——据估计有2720万英亩。几近疯狂的大火蓄意破坏，集中于大分水岭和吉普斯兰沿线的森林保护区和国家公园。这场火灾中至少有33人死亡，包括4名消防员。马拉库塔等城镇的居民逃往海滩，澳大利亚海军在那里将他们疏散。到2月初，澳大利亚研究所估计，57%的澳大利亚人口因火焰或烟雾而受到这场火灾的直接影响。烟雾笼罩悉尼、墨尔本和堪培拉数日，随后持续数周；澳大利亚邮政以空气不健康为由暂停了在堪培拉的邮件投递业务。浓烟也影响了幸免于大火的葡萄园，减缓了经济活动，甚至迫使必和必拓公司暂停了一段时间的煤矿开采——这颇具讽刺意味，值得玩味。国内和国际旅游都受到了影响。城市水域遭受污染；死亡动物数量剧增，预计多达10亿；生态学家甚至担心，澳大利亚的传奇耐火植物难以恢复生机，特别是在气候变化的情况下。官方一度决定花钱雇用志愿消防队，动员他们执行超常任务，这种情况尤其造成了灭火成本的激增。联邦政府承诺投入20亿美元用于灾后恢复工作，但据估计，损失总额高达1000亿美元。政府计划筹备成立一个皇家委员会进行调查，完整的受灾名单可能需要数年时间来统计。

毫无疑问，澳大利亚是一个火大陆，数百万年来，适应了干旱，生物环境嗜热，为大火提供了容身之地。可以把澳大利亚想象成加州——面积有美国本土那么大，但更干燥，其中 1/4 的区域受到亚洲季风的影响，在那里人类使用火的记录可以追溯到 5 万年以前。在欧洲两个世纪的殖民统治期间，历史上的大火不计其数，“红色星期二”“灰烬星期三”这样的火灾接二连三，把一切烧为焦土。这些事件并非只是引发调查和成立皇家委员会的环境事件和政治事件，但燃烧着“永恒之火”的黑色夏天却不一样，严重的火灾越来越多，造成的损失也越来越严重。气候变化和各种可控焚烧成为争论的焦点，也成为政治分歧意见的引爆点。火占师两眼凝视火焰，认为时空连续体在澳大利亚东南部撕开了一个洞，这是一个通往火焰世的入口。通过这个入口，人们可以看到一个成熟的火焰时代的规模。

现在，让我们看看这四场大火背后的信息。

可以这样说，这些着火点分布在长期遭受火灾的地方，卫星追踪到的全球火灾星罗棋布、不可计数，就好比生态焰火爆炸产生的火花，人们被媒体报道的表象所迷惑，却察觉不到地球真正的运作。当然，火也被用来传递其他信息。侵蚀亚马孙和加里曼丹的大火根源上并非火的问题或气候变化的迹象，而是政治问题和全球化经济运作的表现，火只是促成因素，而气候是助长因素。印度北部浓烟笼罩的地区恰好勾勒出灌溉用的汽油动力水泵与传统休耕地及农作物残茬燃烧地的相交地带。斑点状的火焰带横跨从西伯利亚到阿拉斯加的北方森林，被称为“北极大火”，这种火发生在先前树冠火易发的地方。像美国东南部沿海平原这样的地方，则实施大规模的人工焚烧；佛罗里达州每年焚烧面积达 250 万英亩。澳大利亚北部的热带稀树草原正在以次大陆这样的规模使火系统发生改变，季末的大火变成了季初的零星火。全世界居民看到的大部分景象是：传统火景观更加显著地走向纵深，那只不过是媒体为了吸引眼球而放大报道的“梗”而已。

但是大火越烧越猛，并且蔓延到长期以来在农业环境中得以控制的地方，或者过去数十年未曾发生野火而如今经历过野火的地方。这些地方包括得克萨斯州的巴斯特罗普县、田纳西州的加特林堡，以及从苏格兰高地到东萨塞克斯的英国乡村，还包括瑞典、德国、意大利，火灾在破纪录的热浪和干燥的闪电作用下爆发。偶尔的火灾是茶余饭后的谈资，区域性的大火是统计数据，反复的大火都可以构成一个有头有尾的故事了。

另一方面，矛盾的是，那些本该发生燃烧的地方却没有燃烧。地球之火的故事不只是那些可见的、突发的、前所未见的火的故事；无形的、累积的、传统的火同样是新秩序的一部分。本应该有火的地方却没有火，相比火被夸大，这个问题虽然没有那样突出，却也非常重要。尽管人们对燃火缺失的经济运作规律总体还不甚了解——尤其是经济学家将环境问题降级为外在因素——但是，其生态影响每年都变得更加持久，不仅是在生物多样性方面，而且在生物产品和服务、水域分布以及未来火灾的潜在后果方面，都是如此。通常情况下，排斥火会使一些地方更容易发生大火，也更容易造成严重后果。就像早期煤矿里用来排水的蒸汽机一样，化石燃料的燃烧被转移到空地上，然后助长了火的肆虐。

这是发达国家的一种病态，在缺少荒地的地方，火的消失通过文化景观的退化或消失表现出来，如北欧的荒野和环地中海欧洲国家的荒弃牧场。这类地方拥有地质记录，能够证明化石燃料社会所带来的次生灾害。驯良之火的缺乏相比有害之火的泛滥并没有那样容易上镜，不会那么引人注目，但其环境方面的损失可能是一样的。

火要么难以扑灭，要么破坏性地缺失，几乎所有地方似乎都与这种现象有所关联。火点散点图显示，火开始沿着新的工业路线和火场聚集分布。随着化石燃料运输将人类社会和经济连成网络，分散的火景开始连接起来。卫星图像显示的火地理学分布呈现出全球规模。化石燃料带来了种种气候变化，更是出现了一种全球性的联系。几乎每个地方都有一个共同的特点，那就是火无处不在，火是原因、结果或催化剂，是人类手和思想忠贞不渝的伴侣。一个建立在火的基础上的世界新秩序获得了稳定性并壮大起来。

在散点图当中画一条回归线，就可以得出一个火的叙事，然后把各点连接起来就形成了一个图像。叙事弧线贯穿人类与火的漫长历史。这一画面就是与冰河时代类似的火的历史。它们共同构成了火焰世。

火焰世

鼎盛时期的火焰世是什么样的？

在此，进一步把火焰世与更新世冰期作类比，便产生了一个粗略的模板。有些影响是直接的，有些则是间接的；冰在冰河期扮演的角色，火也在火焰世同样扮演。在冰河期鼎盛时期，生物分布状况发生了巨大变化，冰的统治范围扩大，海平面多次下降，物种大规模灭绝，所有这些都伴随气候的极端变化而发生，因为冰使世界变得更适合冰。伴随这一切，古人类出现了，而后演变为一个单一的物种。在火焰世里，我们也可以预见到生物分布状况的巨大变化，预见火统治范围的扩大、海平面上升、物种大规模灭绝，所有这些都会伴随气候的极端变化而发生，因为火使世界变得更有利于火的存在。事实上，气候的变化史已经成为火史的一个分支叙事。幸存下来的人科动物——智人，很可能会改变其基因组性质，或者走向灭绝。

所有的类比最终都会失效，有些还会很快变得荒诞不经。冰是一种物质，而火是一种反应。冰是单一状态下的单一矿物质，或多或少不为环境所变，而火是臭名昭著的变形大师，能把周围的一切化成一体。冰以几十年甚至几千年的节奏移动，而火则来了又去，迅捷如风。冰是现代主义的自然化身，以统一的视野建构世界秩序；火则是后现代主义的自然化身，它的一切无不与语境有关。然而，在影响景观的能力上，冰和火不分伯仲，影响范围和力量大致相当。火时代的概念可以帮助我们理解火焰世，就像冰河时代的概念对更新世的意义一样。尽管这个想法可能是新的，但火时代的过程从当前间冰期初始时就已经开始了。凭借近乎外科医生一样的精准构思，火一直在系统性地驱除冰的存在，并毁灭因冰而生的生物及其生境。

已经有火的地方将会出现更多的火，或将目睹火系统的变化，其规模会越来越大，频率越来越快，爆发越来越猛烈。湿润的草原和稀树草原，如高草草原、长叶松林地、非洲热带稀树草原和巴西塞拉多草原；北方森林和泥岩沼泽地；地中海灌木丛和非洲凡波斯灌木丛；松树、橡树和山核桃树、金合欢树和米翁波林地经常遭受地表火灾——这些火相当于冰盖。所有这些都将继续发生，也许不仅仅是把火作为一系列压力的一部分，而是看着火成为其主导扰动因素。在火与气候的联合作用下，火系统超越了其历史作用范围，易燃的生物群落变成了火主导的火焰群落，因而在偶尔发生火灾的地方，如泥沼、荒地、沼泽和有机土壤，火会产生更大的塑造作用。

不耐火的地方会发生性质反转而变得耐火。以火为催化剂，土地清理和林木砍伐可以把雨林变成牧场和棕榈种植园。土地一旦烧过就更容易生火，而反复燃烧会使土地无法恢复到以前的状态，只能在其他不同用途间轮流切换。同样地，旱雀麦、狼尾草、茅草、甘巴草这些入侵草类可以与火协同工作，就像把刀子换成剪刀一样，在现存景观中剪刈，只留下嗜火的生物群落；北美大约6000万英亩的土地上长满了旱雀麦，这些草大部分是由鼠尾草草原转换而来，未来还会更多。在进化过程中伴随碳四植物的出现而发生的变化，现在随着借助人类力量传播的外来耐火植物而发生，将不可燃的残存生物转化为可燃燃料。

火变成了一个不断强化自身的过程，更多（以及先前存在）的易燃物种借机赶走了竞争对手。入侵物种（比如人类）趁着混乱繁荣壮大，这让它们与无法熄灭的火源相邻而居。这些物种总是在边缘地带落脚繁衍。它们沿着道路进入被砍伐或清理的地区，充当导火索，把火带到新的地点，侵入曾经不耐火的生态系统，使之暴露在易燃环境之下。入侵物种的规模可以是次大陆级——亚马孙河流域、印尼的加里曼丹、北美大盆地。可以将这些地方比作淹没在冰原之外广大地区的洪积湖。

冻成永久冻土层的有机土壤与如今暴露在热带和北方地区大火中的有机泥炭有其相似之处。据估计，印度尼西亚燃烧泥炭释放的温室气体占每年燃烧化石燃料排放的温室气体的 10%—40%；在某些年份，泥炭是全球最大的二氧化碳排放源。随着富含有机物的永久冻土层暴露并融化，更多曾经处于冷冻状态的生物将成为燃料，在整个大陆范围内释放温室气体，并反馈到系统中。这并非生物景观发生燃烧，然后在新的生长过程中重新获取碳和养分的过程，而是一个长期的、具有地质学规模的转换过程，是火焰无法触及的生物质转换为可触及的可燃生物质的过程。更新世储存碳并进一步冷却的过程，火焰世正在逆转，通过火灾释放这些储存的碳，从而进一步让地球变暖。[5]

风携带冰缘沙土和淤泥，形成冰水沉积平原，与之相对应的是燃烧范围大、持续时间长的火形成的烟幕。与冰不同的是，火不是一种实体物质，不会在陆地上永久停留；火会给生物群落打上烙印，然后改头换面重新出现。同样，火的副产品不是经历了风吹雨打之后被送进地貌储藏层的物质，而是短暂的排放物。以往烟雾弥漫的日子已经发生了转变，季节性的麻烦变成了超级烟尘，造成公共卫生危机。无法熄灭的燃烧也让远离火焰的大都市承担后果。2020 年 8 月，丹佛的公共卫生官员建议居民考虑建造“安全屋”，以抵御来自加利福尼亚州和科罗拉多州的野火烟雾和工业排放废气的有毒混合物的侵害。[6]

这些现代城市本身就好比山地冰川——冰盖和局部冰簇并没有蔓延覆盖整个大陆。现代大都市是火场，围绕工业燃烧的电网和第三类火的内燃机组织起来，像流冰一样无情地重塑地貌。生物景观中的火已经被人类极尽可能地清除了，但这些地方都是完全环绕岩石地貌组织起来的，就像加州的内华达山脉或阿尔卑斯围绕着冰雪一样。

至于和冰缘效应相当的火效应，不妨看看气候变暖的生态次生效应——疾病及其载体生物滋生；虫害爆发；先前小范围分散燃烧的季节性障碍被突破，产生连锁反应并扩大成生态巨浪，就像肆虐的山松甲虫一样，从不列颠哥伦比亚省开始横扫科罗拉多州——对生物秩序造成的破坏，这场灾难在雷鸣般的前进途中重新组织了燃料结构。火灾季节延长；在美国西部，其表现是春天来得更早，气候更干燥，并与人类焚烧活动相互作用。大火爆发，蔓延到现代社区——这些地方布满了合成材料和重金属——并在这里产生了与生物景观中同样的影响；火分解惰性物质，将化学物质释放到更广阔的环境中。燃烧不但没有促进再生，反而产生了毒性。经济冲击波扩大了；2017 年和 2018 年的加州大火导致这个世界第五大经济体的最大公共事业公司破产，而保险公司则重新考虑调整他们的承保范围。对于冰期效应，其次生后果主要是地理性的；而对于火，其次生后果却主要是生物性和社会性的。

然后就是沙漠的形成，其中一些会扩张面积，还有一些会从草原、灌木地和大草原中出现，这是因为气候的重组破坏了支撑这些地方植物群和火景的干湿属性，就像更新世拥有有利于形成冰的气候造成的影响一样。并不是每个地方都要经过火灾才算受到火的影响。人工燃烧的后果作用于气候，从而改变生物地理，这已经足够了。

火的反复“助推”可以让物种和生物群落跨越一个门槛。更严重的火灾持续时间更长，温度更高，会摧毁自然保护区，引发更大范围的生物死亡。大多数火灾在空间和时间上分布不均匀，这一性质将会消失，传统的物种避难区也将与之一同消失；反复的燃烧也会阻碍生境的恢复以及野生动物种群的重建。更新世的冰冻与消融造成了第五次物种灭绝，而由火作催化剂的火焰世正在引发第六次灭绝。消失的动物群将影响植物群，也就是燃料。由于不再吃草，消失的更新世巨型动物在容易发生火灾的土地上释放了更多的可燃物。当代物种的灭绝也会影响火灾，至于如何影响，我们知之甚少。

有些地理景观对火免疫，正如有些景观对冰免疫一样。沙漠过于干旱，不足以容纳冰或湖泊；过于贫瘠，不足以引发火灾，除了偶尔零星下点雨，能暂时长些可燃植物。海洋也不会燃烧，因为北极和南极之前被浮冰覆盖。然而，石油泄漏和全球变暖的间接后果会让沙漠和海洋感受到火时代的影响。冰会消融，海平面会上升，海水酸度会增加。随着洋流改变路径、珊瑚礁消失和大陆架扩张，海洋的生物系统将会重组。由于海洋具有重塑地球气候的能力，大气接触到的每一个角落都将被火所覆盖。

问题不在于每个地方都会燃烧或燃烧得更频繁，而在于人类的用火实践和习惯将越来越多地影响世界各地。人类之火一直是人类强力征服、施加影响、改变地球、解释自然的手段，但只发生在特定的地点。在火焰世全球化的进程中，其影响范围将是全球性的。我们将拥有的是不灭的火，而非坚不可摧的冰。

人科动物如何呢？在更新世，他们必须适应由冰创造的微观和宏观世界。在火焰世，他们必须适应自己的用火实

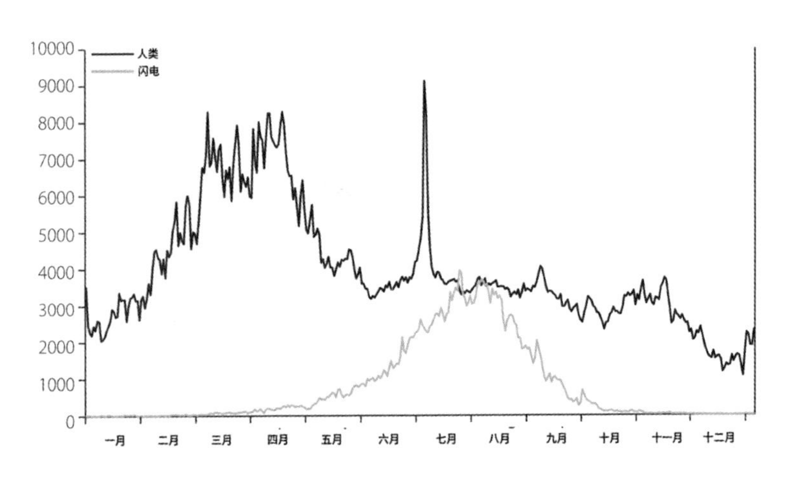

图 5-1　美国按月计算的人为点火（深色线）和闪电点火（浅色线）统计。美国尽管是一个工业社会，但表现出世界上大多数国家每年燃烧特征的基本模式。请注意人为点火所占的绝对比例，以及人为点火和闪电点火在不同季节的分布情况。公共荒地的形成抑制了人类点火的数量，因为这些土地通常禁止除指定之外的人为燃烧。气候和土地用途的变化创造了大量机会，人类与之展开互动，延长了火灾季节。

数据来源：美国林务局，由珍妮弗·鲍尔奇和亚当·马胡德提供。

践所创造的世界。智人不仅成为人科动物的主导力量，而且成为地球上占主导地位的物种。他们无法点燃冰、控制冰，无法管理冰、熄灭冰，无法用冰来加工食物，也无法用冰从岩石、树木或水中提取有用的东西。人类只不过被动地对冰做出反应，但是人类可以生火灭火，可以操纵火来改变食物、生态系统及其周围世界。人类通过生火可以与气候变化互动，以延长火季、重新定义火系统、将火带到原本不会有火的地方。[7]

然而，尽管人类可以操纵火——可以把地球上的火改造成自己的火，并按照自己的形象重塑了火——但他们无法控制所有的后果。比起控制火，人类更能轻而易举地进行破坏。他们通过点火燃烧可以与气候变化展开互动，从而延长火季；可以与外来入侵草类进行互动，从而颠覆生物群落秩序；可以通过火的羽流改变有毒金属和放射性土壤的分布状况。就像单独一种药物与其他药物混合会意外地产生新的药物一样，火的次生效应相互交织，带来的后果远远超出了火焰本身的范围。这不仅仅是协同作用，还是一个规模的问题。人类的燃烧习惯已经对大气、水圈、岩石圈产生了可观的影响，干扰了生物地质化学循环，重新架构了地球的能量交流路线。

无论在哪里，他们的所作所为都在让更新世的残遗物种灭绝，让不同的地貌和冰层消失，他们使地球不仅不适合其他生物生存，也不适合自己生存。人类和火之间的互助协定很久之前就已经开始，如今越来越像一场浮士德式的交易。

与火共存：原则

数十年来，美国的野火学界近乎一致地重申这样的意见——我们必须学会“与火共存”。这一信息最初的含义是：试图将火从所有景观中根除是一种误导，火既不可避免，又不可或缺，与其盲目地试图抑制火，不如正对现实，协调好人与火之间的关系。这些人心里想的大多是荒地野火，然而，随着火焰世席卷整个地球的趋势愈发明显，这个想法现在也适用于人类所有的用火实践了。

这意味着什么呢？这意味着我们需要明白，火不会消失，而且，在各种关于火的表现形式中，我们承担不起离开火的代价；这意味着我们应该理智地将火从野蛮的边缘地带转移到中心区域；这意味着工业火生态与生物景观的火生态一样重要；这意味着我们的工业转型并没有摒弃火，只是把它转移了，控制在了机器里，用野性的火代替了不同景观中的驯服之火；这意味着我们可以将火焰从建筑环境中清除，但无法从乡村和荒野中清除；这意味着我们要重新平衡三类火，特别是减少第三类火，增加第二类火；这意味着我们要与火合作，而非对抗；这意味着让火再次成为我们最好的朋友，而非最大的敌人。

我们不需要新的科学或更多的科学，我们已经知道什么会必然发生（事实上，在变得贪婪和健忘之前，我们曾经知道很多）。我们知道，需要用另一种能源来取代化石燃料。我们知道，如何保护社区和像水域这样的关键资产，使其不受有害之火的影响。我们知道，需要让有益之火回归到景观之中，不是以驱动活塞运动的工程精度操纵它，而是使之处于大多数生物的容忍范围内——实际上，火性情乖戾、变化莫测，这种属性能增强物种的韧性。我们知道，我们需要大量来源不同的可控火，它们各有特点：既定的燃烧方式各不相同，各有其用，通常发挥相同的作用。所有这一切说起来都很简单，但掩盖了每个选择所涉及的无数决定。我们不需要分析每一个碎片和因素，因为这是火会做的事情。火会合成：只要我们允许，火的整合能力将超过最强大的超级计算机。我们必须在真实经历火的过程中学习，而非通过计算机生成的模拟学习。[8]

即使是最宏伟的变革，也必然是缓慢且不完整的。当前的许多条件已被纳入气候、海洋、陆地和陆地生物之中。由于过度使用化石燃料，我们将会面临一个漫长而痛苦的后遗症境况。如果我们明天就放弃化石燃料，那将需要几十年，甚至几个世纪的时间（取决于我们努力的程度）来清除大气中多余的温室气体。变化了的气候将会滞后并存在很长一段时间，这很令人担忧。同样，即使我们用可再生能源来为汽车提供动力，用火替代化肥和杀虫药，它们也不会改变我们在土地上的生活方式，只会改变这种生活方式背后的动力来源。我们仍然会生活在一个由化石燃料时代所构建的地理环境中：形式相同，只是注入了不同的能源。汽车将配备电池，而非油箱；但我们仍将驾驶汽车、使用柏油路，住在依然面临野火威胁的远郊地区。我们将减少温室气体的排放，但不会居住在一个不同的世界里，这个世界也不会更好地容纳我们周围的火。

稳定的气候加上不稳定的土地使用——在火扰乱秩序，带来气候全球化之前，工业世界火灾危机就是这种模式。这种组织世界的模式仍将持续下去。废弃工业燃烧不会使有害的火消失，也不会确保有益的火发生。我们必须采用发达国家一个多世纪以来都认为没有必要的方式来控制火。

地球上的火景拥有的不是一类火，而是三类，在所有无法预见的后果中，这三类火在一连串的生态恶化和破坏中如何相互作用，将决定未来的火生态。第一类火与第二类火、第一类火与第三类火、第二类火与第三类火——在不同的时间和地点，它们相互竞争、相互补充、相互联结。但每一场火都与周围环境融为一体，而且随着全球变化加剧，不仅气候，整个地球都受到剧变的影响，每一类火都会做出反应；然后，它们会对彼此的存在和燃烧后的景观做出反应。很可能大火不仅会超出我们的控制能力，还会超出我们预测哪种控制会起作用的能力。

有些预测看起来确实是可靠的。人工景观由我们所建造，因而也处于我们的相对管控之下。城市曾经与乡村一样，以相同的材料建造，因而也常常具有相同的燃烧周期。但是，当工业社会转而使用不易燃的建筑材料、制定更严格的消防法规、建立更严格的区划时，这种现象就消失了。处于大都市边界之外的远郊地区曾一度发展得欣欣向荣，似乎也没有受到这些规定的约束。这种印象是一种错觉。重新创造先前的条件就能重新创造先前的火。要保护城镇免受火灾，方法是重新发现过去阻止城市火灾的那些方法。这个问题被错误地认定为有关荒地的问题，而实际上它与城市飞地有关。这些荒地中的城市飞地，与其说是在荒地中建造起来的房屋，不如说是具有奇特景观的城镇。现代城市不需要明火，很多荒地则是需要的。

更棘手的问题涉及乡村。矛盾的是，在这些地方，应对即将到来的火时代，方法是点燃更多的火，但要从第三类火回到第二类火。与此同时，还可能出现奇怪的混合燃烧，其中一些会形成严重的有害火，例如：在狂风中扭动的电线会引发野火，吞噬天堂镇这样的地方；在印度旁遮普地区，传统的农田残茬焚烧与工业燃烧的排放物搅和在一起，如同一大锅烟雾倾注在新德里上方，使人窒息；重回落基山荒野的自然火，其烟雾可以遮盖汉密尔顿和米苏拉这样的山谷小镇。过去的良性火现在可能变成了麻烦火。与此相反的是，其他一些混合燃烧会寻找机会将有害燃烧转化为良性燃烧——澳大利亚北部的西阿纳姆田火抑制项目正试图重新调和这三类火。澳大利亚原住民的传统燃烧方式——在火季开始时期的小规模燃烧——正在取代火季结束时的大面积燃烧。这一过程将更多的碳封存在更多的树木中。更妙的是，这种传统的燃烧方法得到了支持，得以利用必和必拓设立的阿拉弗拉海上天然气项目的碳信用基金来开展。针对第三类火设立的资金现在用于支持第二类火的恢复工程，以储存更多的碳并改善生态产品。[9]

奇怪的混合燃烧不止以上这些。例如：人们还可以利用可控火来减少威胁城镇和关键生态系统的燃料；利用小火保护植物和密林中的碳储量不受大火威胁；利用良性火来稳定生物群落，用可控的烟雾代替铺天盖地的烟幕；在其他干预手段中使用催化火——火就像一辆无人驾驶汽车，具有巨大的整合能力，使人类可以用多种手段介入和干预燃烧。人类目前的火知识意味着，未来必然会出现各种意想不到的与火的互动方式，而我们只能预见其中一小部分。

火有三种类型——自然火、人造火、工业火。燃烧则分为两个领域——一个在生物景观中，另一个在石质景观中。未来的任务就是将此三种类型的火划分为两种，并有所保留。

与火共存：实践

全球都在经历火时代。火具有地域色彩，例如关于刀耕火种农业有数百个词汇，都很具体地指向特定的区域和民族，尽管我们可以用“烧垦”这个表达统称这些词。同样，在陆地上，在我们与火的交往中也有大量的战术实践，但我们可以将之抽象成四种战略组合：把火交给自然，任其生灭；用可控火代替野火；改变任何火都可以燃烧的环境，阻止新火出现；抑制已经发生的火。哪种组合是正确的？都是对的，而且通常以上四种做法齐头并进，只是作用比例各不相同。

把火交给大自然

大自然的路子比人类的工具多得多，编码到基因组和生物群落的信息比人类的想法多得多。让大自然自行解决问题，面对变化的火系统，这是有道理的。大自然已经这样运行了亿万年，在原始冰室和温室气候中接纳了火，并在至少五次全球物种灭绝灾难中幸存至今。这一记录应该能让人类暂停野心勃勃的计划。如果人类停止侵扰，大自然会找到治愈的法门。

一般情况下，对于野生环境，当人们将其与人类生境分开时，人类才能处理得更好。例如在北极周围的大部分地区，这里的经济运作、生态规律和消防能力有力地表明，应该让自然的火来完成自然的工作。传统上，在加拿大，发生在北纬 60° 控制线以外的大火将不再抑制；俄罗斯的大部分亚针叶林（泰加群落）位于商业采伐范围之外，那里的大火不受限制地任意燃烧，或者如果初期灭火行动失败，人们就会任由大火继续蔓延，因为它实际上已经失去控制。然而野生环境和人居环境的边界正在变得模糊，而且由于全球变暖对高纬度地区的影响越来越明显，这种情况也越来越严重。此外，有机土壤和永久冻土中储存的大量碳如果通过火灾释放出来，可能会释放出大量的温室气体。如何实现向新的火系统转变，这很可能涉及复杂的取舍，即留下什么，以及在哪里（如果可能的话）进行干预。

阿拉斯加对这一概念进行了完善，并将其转化为生态优势。《阿拉斯加州法案》（1959 年）、《阿拉斯加州原住民索赔和解法案》（1971 年）和《阿拉斯加州国家利益土地保护法案》（1980 年）重新分配了土地所有权，因而火灾责任权也得到了重新分配。此外，阿拉斯加地广人稀，易发火灾，大部分土地都是野生动物保护专区和法定荒野。有关方面发起了一个跨部门项目，制订出一套新颖的火计划，以取代无效的灭火政策。在城市和乡村之外，这一策略放任大火蔓延，或者加以疏松的管理，使大火沿着河流等自然屏障燃烧。这其中的逻辑不仅出于对成本和消防能力的估算，还出于以下考虑——森林离不开火，而燃烧会带来生态效益。这种策略的结果最接近自然的火系统，只要是人烟稀少的内陆地区，这种模式都适用。

可能会有人呼吁，应该限制燃烧，因为北方的生物群十分庞大，泥岩沼泽地和永久冻土中储存良好的土壤碳会被释放到早已充满碳的大气中，这一前景十分令人担忧。北方森林中存在局部焚烧，包括“树冠火”，这可能是一个考虑。不然的话，人类可以投入管理的资源将不得不集中在对人类居住地造成更直接火灾的发生地。在一个面积广阔而选择很少的地方，人类可以择其所好，至于接下来会发生什么，就交由大自然决定了。

这一策略也适用于受保护的自然保留地，尤其是那些用于尽可能保护自然状况和过程的保留地。从 20 世纪 70 年代开始，在加州约塞米蒂国家公园、红杉国家公园和国王峡谷国家公园的高地山谷，在新墨西哥州莫戈永山脉的荒野地带，以及在落基山脉北部的塞尔韦－比特鲁特荒野，很大一部分雷电火被放任自燃。新旧火交叠燃烧，其累积效果为人类贡献了知识，使人类得以了解在抑制计划介入前火的运作机制；这些火也造就了一片富饶的土地，这片土地比起周围没有受到火反复淬炼的土地更具活力。然而，这些地方都是黄金地带，其燃烧的恢复可以调动社会情绪，并依赖文化资本的运作，这一战略可能并不适合多用途的景观和城市居住区。[10]

用可控火代替野火

如果火不得不存在，那就用选择性的火代替偶然的火。用各种有计划、可控制的火来代替由闪电、事故或纵火引起的火。这是一项古老的艺术，可追溯到智人出现之前。我们在灶台上烹饪食物，而不是在火堆中寻找食物；我们通过燃烧来创造一个宜居的生境，一个不太可能产生有害或危险燃烧的生境。

事实上，这是第二类火的前提，也是第三类火的后果之一。如今，这种办法重新引起关注，实属必然，因为在没有常规燃烧的情况下，生态完整性瓦解，生物群落腐烂，这会使许多火完全失去控制，极具破坏性，还会使环境变得无用。在 20 世纪下半叶，通过故意焚烧（规划燃火）来恢复原来的火，成为美国人对大多数公共土地和许多私人土地燃火的核心思想。

1942 年，雷蒙德·科纳罗创造了“计划烧除”这个词，他设想的是在草率的传统焚烧法和盲目灭火这两种做法之间找到妥协。这种方式被认为既科学又符合官方规定，能对参与工作的人产生约束，或者至少表面上如此。这种做法首先在美国东南沿海平原的长叶松大草原上流行起来，特别是佛罗里达州，该州长期以来一直抵制灭火政策，经过一个又一个机构的争取，这种想法最终转变为实施规律性焚烧。20 世纪 30 年代，美国鱼类和野生动物管理局采纳了与此类似的一种计划烧除法，随后，美国林务局在 40 年代，国家公园管理局和佛罗里达林务局在 50 年代也采取了相同行动。到 20 世纪 60 年代，在乔木木材研究站的推动下，计划烧除成为国家公园管理局管辖下的所有部门进行政策改革的基础；到 20 世纪 70 年代，林务局也进行了改革。为了将自然火灾纳入荒野和边远地区，倡导者们提出了“规划自然火”这一概念。到 1978 年，计划烧除成为国家政策的基础。

计划烧除对燃烧的日期、时间、地点、条件和结果都有明确的规定。规划自然火的发生必须依赖闪电的随机性，但在其他方面与计划烧除一样。计划烧除最初在松树草原景观或松树种植园中最为常见，且多发生在冬季。随着经验的积累，这个模式逐渐应用于一年四季，而且更热的火也被纳入其中。佛罗里达大部分地区几乎可以接受任何形式的火，其数量多到难以想象。俗话说，佛罗里达一年要烧两次火。多亏了开阔的牧场，燃烧的文化从未消失。为了减少人们对失控火灾的担忧，1990 年颁布了《计划烧除法》，修订了责任标准，以鼓励更多的焚烧。佛罗里达州的这种模式已经普及到美国东南部和其他地区。

随着经验的积累，佛罗里达模式已经从一个相对统一的做法，即在休眠季节进行带状焚烧，转变为一年四季都可以焚烧的混合方案，且影响更广泛。然而，如果计划烧除要推广开来，就需要更灵活的方法，对特定地点和时间不能太苛刻，能适用于更大的场景和更长的燃烧季节，更重视实践经验而非模拟——科学只会发挥补充作用，不会进行指挥。简而言之，计划烧除将更直接地模仿历史上的民间模式和实践，在这些焚烧实践中，火是常有因素。这种焚烧方法可能更像一种取火的过程，而不是完成固定的程序。气候变化将带来机遇，也会带来危险。计划烧除必须做出适应。

该项目在美国西部受挫，原因有很多。例如西部的自然地理状况不太一样，这里多山，更易受到大风的影响，生物种类更多；这里的文化地理状况也不太一样，城市多，公共管理土地面积大，大多数定居点都是新近开垦的，也没有长期的本地火文化。其结果是，计划烧除在西部没能达到恢复自然火所需要的规模。规划自然火也同样受阻，因为几乎不可能制止规划之外的火：大多数火都很温和，但有少数爆发突然，这些“漏网之火”造成了巨大的损失，引发政治混乱。逃逸的规划火造成人员死亡、房屋烧毁，使居住区烟雾迷蒙。1988 年，计划烧除烧毁了黄石国家公园 40% 的区域；2000 年，新墨西哥州的洛斯阿拉莫斯遭到一场逃逸大火的蹂躏，这里是美国大部分核武器研究的实验地；2012 年，北岔口下段保护区（Lower North Fork）为改善丹佛市水流域环境进行的计划烧除失控，烧毁了 22 栋房屋，并造成 3 名居民死亡。凡是有计划烧除的地方，这种失控的火总是造成严重影响。[11]

美国西部需要一种变通的计划烧除，这里已经开始试验将计划烧除与火灾抑制相混合的方法，这便是“可控野火”的概念。消防管理者此番捡起来的是点火棒的另一端。他们并没有把每一场火都视作问题，而是掂量这场火是否有可能成为一个机缘，或者正如一些消防官所说，在坐实罪证之前，火是无辜的。如果一场火可能威胁到高价值的财产（如居民区），他们就会集中力量灭火，否则就会撤退（划定一片区域）到一个火可以自行熄灭的地方。这种火燃烧面积通常很大，持续时间很长。这样做的结果就是在紧急情况下采取部分遏制、部分计划烧除的方法。这也实属骑虎难下。我们不会奢望结果完全符合预定目标，只期望大部分燃烧能控制在规划范围之内。这个办法让我们可以在土地上获得足够的有益之火，改变当前局面。

与此同时，一项以推广“文化燃烧”为目标的运动正在进行中。这项精心策划的运动在澳大利亚焕发出勃勃生机，美国西部也燃起星星之火。这项运动的目标是通过恢复原先的火实践来恢复土著人民的土地和文化。禁止某些火实践是对土地殖民化的一部分，而恢复这些实践行为则是恢复部分损失的一种手段。火是更新者，是复兴遗产和恢复历史景观的催化剂。这个问题并不局限于殖民地环境。对传统知识的压制同样发生在欧洲内部和定居者中，因为精英们谴责使用火是原始的、不理性的行为。在所有这些例子中，恢复火文化被视为解决文化身份等重大问题至关重要的部分。

事实上，新论点的出现表明，计划烧除有很多形式。有些旨在减少燃料消耗，有些旨在促进生态健康，有些旨在恢复传统遗产或文化遗产，有些旨在释放大自然的力量，还有些旨在让大地生出火焰而不惊吓到城镇，不让旅游胜地烟尘障日，同时不让钱打了水漂。计划烧除与其说是一种疫苗，不如说是一种流感疫苗加强剂，人们需要定期注射，并非对所有接种了疫苗的人完全有效，或者不一定永远有效，但总比让人们碰运气要好。这是一种生态维护，更像是春季大扫除，而非英勇的干预；更像是一种健康计划，而非急诊救治。无论我们怎样描述它，都需要更多各种各样有益的火，一种永不停歇的燃烧仪式。计划烧除将永远持续下去。

改变火的环境特征

火靠燃料传播，也就是说，靠生物景观中的生物质。改变燃料结构就改变了火。我们不能重整山脉、改变风向，或者杜绝旱灾，但我们能够重新调整丛林、灌木、风落果、落叶和草。农业的前提当然就是这样——把环境改造成人类想要的样子。这就是建筑景观的基础，（理论上）每一部分都由人控制。

前人传给我们的另一种策略，即历史上人类在易燃环境中的生存方式。改变燃料结构，最简单的形式意味着实施预先焚烧，以此清除可燃的死燃料，促进不易燃的活燃料生长。这也可能意味着需要开垦农田和牧场，并将生物景观改造成花园、耕地和小围场。还可能意味着要用不可燃材料建造城市，用合成材料建设，或者按照人类经济方式操作而不遵循自然经济方式，以此阻止火的蔓延。对现有事物的控制越严格，对火的控制也就越强。

欧洲最古老、最密集的人类居住区位于南部边缘，那里属于地中海气候，拥有现实中最符合字典定义的易燃环境。这里的土地通过精细耕作和畜牧得以保留，包括用烧荒的形式清除残茬、实行休耕或使牧草更新，用火形式包括频繁小火、田野火和园艺火、清除残枝断茬的火、修剪浆果树的火，以及收获橄榄和坚果前清理地面的火。这些火很容易控制，因为都是小火，在精密耕种的燃料田地里燃烧，一旦有余烬火蔓延，随时都有人将其扑灭。野火会出现，但只有当战争、暴乱、饥荒或瘟疫导致社会秩序崩溃时，当地貌景观不再被人类精心维护时，当花园花谢结籽、田地荒芜时才会爆发。灾祸之后大火紧随，在这种环境中，火是社会秩序的标志。

这一策略支撑着欧洲人的火思想基础，尤其适用于气候温和的欧洲，因为那里很少有自然火，火之所以存在只是因为人们需要生火（或者灭火）。这一社会秩序决定了乡村风貌，而乡村的可燃物决定了会烧起什么样的火。所有这些都有助于理解为何欧洲人认为火是一种工具，是人类存在的一个衡量标准。欧洲人的这一观念解释了为何农学家长久以来轻视火生态学而推崇社会模型，解释了为何从普鲁士移民到美国的第一位专业林学家伯恩哈德•费诺对整个美国的火景不屑一顾，视之为“积恶难改和道德放纵”，也同样解释了为何地中海区域的欧洲——一个因现代经济而人口减少的多火地带——几乎包揽了欧洲大陆所有的野火。

这一策略也有助于理解各种试图将积极的土地管理作为经典防火原则的论点。稀疏的森林、被清理过的灌木地、经过放牧或焚烧的休眠草地，这些都可以影响火的表现形式和后果。然而，人为干预也会使火发生地的情况恶化。伐木留下的残桩断枝是地球上最不稳定的燃料，过度放牧会破坏多年生牧草，使土地发生改变，极易生长旱雀麦等易燃杂草，或者它会导致东部红杉等木本植物入侵或消除必要的燃烧影响。就像所有的工具和实践一样，人为干预的结果视情况而定。

人为干预的结果首先取决于干预行为是否对火所理解的因素起作用。对于小范围火，易燃火，连接灌木和草丛、地表和树冠以及树冠之间的可燃物的连接组织，火都具有敏感性。体积大而潮湿的东西，无论多大规模，都不会携带火焰。并不是所有的生物质都可以充当燃料。例如伐木带走大的东西，留下小的；火烧掉小的，留下大的。即使是在最猛烈的野火过后，剩下的也都是只能靠砍伐才能清除掉的树木。

然而，正如计划烧除有其立身之地一样，人们也可以想象计划砍伐和碾压、计划放牧和喂草、计划种植和收获。这些干预措施是否有效，取决于它们的程度和目的，取决于它们是否增强了生态完整性，或者仅仅使复杂的生态系统沦为一大堆烃类化合物和大片商品。通过恢复经过更新的耕作和放牧方式，地中海区域的欧洲火灾问题可显著减少，这些耕作和放牧在几个世纪以来塑造了该地的风貌。采用这种方法，（由生物材料建成的）建筑景观可以被视作文物建筑，这些建筑保留了过去的格局和外观，但内部配备有现代化的装备。

借助几千年来人类与火共存的原始实践手段，北美西部的荒地可以从其现代变体中受益。依靠更大的机器来对抗野火是行不通的，如若土地未经处理，不允许任何形式的可控焚烧，野火将不可避免会发生。

抑制火

最后一个选择是消除火的存在。说白了，就是预防火的发生，或是在有燃火的情况下，在其扩散前加以抑制。放火灭火是点火燃烧的对立面，如果没有能力改变火的蔓延方式，点火则无异于蓄意破坏。传统上，阻止火扩散的唯一办法是扑灭火焰、扰乱燃料的连续性以及点燃反向火。即便阻止火也需要点燃火。与其他各种各样的可控火相比，等待大火烧尽一切与放火灭火，两者或许是相似的。

火的转变潜移默化地改变了这些火的形态，正如它改变过往每一次火实践一样。它用内燃取代了明火，利用水和阻燃剂扑灭火焰，利用机械犁、刀片和锯条清除燃料。它用工业燃烧的反作用力取代了回烧的反向火。在城市里，这一切产生了好处。在农村，尤其是在荒地，它创造了一种保护假象。也许是一场政治表演，仿佛一切都在掌握之中——尽管它让火景任意燃烧。

在一对一的情况下，工业燃烧永远比不上自由燃烧的火焰具有的那种无所不侵的火力。工业燃烧有助于广泛地改变燃料和气候，在小规模燃烧方面具有效力——它可以把水、土和人员运送到火势小的地方，但它无法对抗会助长大火的干旱和疾风。抑制火使得自然的火经济产生分化，形成了许多“无产阶级”小火和少数“财阀”火的爆发（1% 的人），而“财阀”之火包揽了大部分被烧毁的区域，占有更大的损失比例，留下了最大的账单。

问题不在于“抑制”这一概念本身，而是将其作为唯一策略来应对建筑环境之外的火。抑制策略有助于在短时间内将有害的火阻挡在外，却无法将有益的火留在内部。尽管抑制策略有可能实现更好的控制效果，但只有在缺乏自然火的基础条件下，只有当火完全处于人类掌控之下才会成功。只有在人类有能力控制火的情况下，抑制策略才能有助于控火，否则只会起到破坏作用，却无法提供可行的替换方案。这是一种制止生态混乱的策略，而非治理策略。

排除火这一策略带来的后果可能会隐匿数年，甚至数十年，直到新的一代认为他们在孩提时代接触的自然就是自然的本来面目，以前的火系统已不复存在才会生效。在以草类和矮灌木地表频繁发生火灾为特征的地区，这种影响表现得最直接——不仅是草原，还有橡树－山核桃林和稀树草原，以及繁殖过度的黄松和长叶松林，它们可以将火焰从地表带到树冠，带来大量不太耐火的物种，使得能改变微气候、对火敏感的树木更加浓密。在燃烧不频繁的地方，这种影响表现得更慢，但会升级为树冠火，如美国黑松（扭叶松）、短叶松和黑云杉，因为它们失去了斑块状分布，取而代之的是能够长时间、大范围持续燃烧的同龄草皮。

实践而非完善

就像火很少只产生单一效应一样，应对火的策略很少受到条条框框的限制。火的变化越来越多，应对措施也应该更加多样化。各类应对火的措施互相融合，使得现代管理所渴求的那种清晰性模糊起来，火的管理越来越像一种混搭。在多种环境因素快速发生变化的情况下，火系统发生混合，产生各种混合对应措施，各种火景交杂，而知识来源也更加综合。虽然火的融合能力使它难以建模，但这也意味着有许多可行的介入点，未来将针对具体地方融合实施应对方案。

曾经独立的、单一的做法现在变得多元化了。计划烧除不仅包括依照农业模式和佛罗里达模式精心设计的焚烧方案，也包括作为抑制燃烧方案一部分的放任燃烧。计划烧除的种类有文化焚烧、生态焚烧、农业焚烧、减灾焚烧、保护性焚烧、划定区域焚烧。因此，火灾抑制范围也包括城镇、乡村和荒地，不同地方都有其独特的装备、战术、目的和火文化。每个地方都对“控制”一词的含义做出了不同定义，它可以指扑灭每一处余烬，或控制余烬的范围，或将燃烧控制在特定的一块土地上。火景观可以包括自然保护区、休闲胜地、法定荒野、种植园、分散的房屋和步道公园。科学认识必须扩大到包含传统上不被认为属于景观火范围的学科，必须吸收、融合从澳大利亚的兰德赫里人到加州的卡鲁克人的传统生态知识，并接受诸如堪萨斯州弗林特山的田园大火、佛罗里达州的开阔牧场大火，以及东南沿海平原红山的生境大火的基本火文化知识。

所有这些都扰乱了先前理想应对方案所承诺的清晰性和明确性，虽然这种理想有科学作指导，并方便实施管理；相反，田野科学是从做中学。田野中的消防管理者正在对基于假定的第一性原则的计算机模拟提出挑战。这些基本问题甚至根本不适宜科学视角，而是属于社会、文化和政治领域，这意味着需要将艺术、哲学、文学和法律融合在一起。火整合了周围环境，因此，对火的管理也应该用火所固有的整合力量来取代还原论这一现代科学的奇迹。我们无法为火产生的每一项效果找到单独的替代方法，我们也无须这样做，因为火会为我们做到这一切。我们只需在地面上得到适量的有益之火，如果我们乐意，火会为我们进行筛选、整理和合成。[12]

同样，我们无须建立一个特别的火项目来解决火焰世的所有弊病。火具有互动性，它为自然点燃色彩绚烂的火花，也可以为人类经济点燃同样的火花。火危机可以加速本来就必不可少的革新。除了排放温室气体，燃煤电厂也恶化了空气质量，山顶采煤污染了景观环境。老旧的电网需要修复，且不说在大风中会产生毁灭性灾害的火花。城市的蔓延不仅让社区面临火灾风险，也一直是一个导致社会和土地使用问题的根源。入侵物种、灭绝物种以及生境的碎片化都是摆在气候变化面前的紧要问题，即使在20世纪中期的气候条件下，自然保护区也需要更多有益火。不受控制的大火敲响了警钟，我们可以借此凝聚意志，承担起我们拖延已久的任务。火是多元的、系统的，没有——也永远不会有——单一的解决方案，但它可以给人类一种紧迫感，让人类明确目标，在即将到来的时代选择自己的生活方式。

火不是随意撒在大地上的生态魔法粉，不会魔法般地复原或使一切恢复正常，但它可以把存在的东西变成一个运作的整体。这样无法保证会创造出一个我们喜欢或需要的世界。如果我们想让那个世界适宜人类居住，就必须心到手到，运用点火棒选择更符合我们愿景和需求的火。这就需要社会投资、政治资本，并重建人类与火的关系。

我们必须承认，火并非一种边缘现象，而是地球生命和人类文化的一种组织性原则。这并不意味着一切都会或必须燃烧，而是意味着人类的用火习惯会影响大多数东西，即便这种影响可能是间接的。在更新世，地球并非全部覆盖于冰盖之下，但也少有地方不受冰盖的影响。火对于火焰世的作用，就相当于冰对更新世的作用。地球成为火行星已经很久了，如今它正在进入一个不断深化的火时代。

尾声 第六轮太阳

在墨西哥谷底，巍峨的埃斯特拉圣山耸立在这里。在哥伦布发现新大陆以前的时代，这里是一座岛屿，特斯科科湖和索奇米尔科湖就在这里交汇。阿兹特克人每隔25年在这里举行一次新火仪式。他们实行两种历法，一年分别有260天和365天，每当这两个日历重合在同一天，昴星团运行到头顶正中，宇宙即将坠入黑暗或发出重生之光时，新火就会拯救世界，生出一轮新日。[1]

祭祀仪式非常考究，地点就设在雄伟的山巅。在环山的乡野里，隔着辽阔的像镜面一样的湖泊，每户人家，每个村庄，每座寺庙，每把火炬，每堆篝火，火焰全都熄灭了，直到笼罩在黑暗夜幕下的人间所有灯火彻底消失，只剩下点点星光在闪耀。整个世界——人们所知道的那个太阳的世界——在惴惴不安地颤抖着。黑暗和魔鬼越来越近。只有一把重生的火，一把用古老的方式点燃的火，人类第一次学会点燃的那种火，才能让太阳回归。

在圣山的一个祭坛上，四个祭司在等候着，他们每个人都在等待着一种元素，等待着四个以往世界的回归，等待着13年一轮回的四种节奏汇聚在点燃新火的时刻。第五个祭司从一个囚犯的胸膛里取出活蹦乱跳的心脏——这个囚犯是必不可少的人类祭品。一团新火从圣具中喷出，随后被放到敞开的胸膛中，这代表新生；然后，四个祭司用共同的新火分别点燃一把大火炬，在众卫士的簇拥下，顺坡而下，来到船边，这些船正等着把火炬传播到东南西北每一个方位。在岸上，祭司点燃新火分支的燃料，并交由另一个女祭司看管，她的使命是看管火焰，使之在接下来的52年里燃烧不灭。使命如果失败，她会以命为偿。从这把火开始，所有人家、炉灶、寺庙中的火，所有狩猎捕鱼的用火，所有神圣的生命之火，都重新被点燃了。行星开始正常运转，太阳将会升起，世界又一次得到了拯救。

世界曾经停止了五次，新日也最终升起五次。埃斯特拉圣山上仪式的成功使得第五轮太阳的世界继续存在。最后一次仪式是在1507年举行。在下一个宇宙时空汇聚到一起之前，有东方人第一次来到这里，他来自太阳每日升起的地方，在这里，他和土著军队结盟，摧毁了阿兹特克帝国。新火仪式就这样中断了。

这次破坏带来了第六轮太阳，但这轮太阳必须继续等待来自东方的另一个访客，他将带来从生命世界的心脏中点燃的火种。这是一种燃烧化石燃料的火，这种火就像在它之前的象征之火一样，需要将所有火熄灭才能传播到地球的每个角落，照亮地球的每个缝隙。

当一个用火的生物和地球历史上一段吸纳火的时代相遇，火焰世便开始了，并且二者的互动使得人类之火成为启蒙的存在。有人认为，火焰世贯穿整个更新世，尽管火焰世的步伐随着人类开始大量燃烧化石燃料而加快，但人类作为地球之火的守护者，其职业生涯的故事并没有中断，而是一直继续着。也有人认为，火焰世是短暂的地质时期，其向化石生物质的转变标志着相变的时刻，而不只是质变。按照这种逻辑，人类生物景观的用火实践多多少少体现了智慧的运作，如果把这种实践和燃烧石质景观带来的全球性扰动相提并论，这样并不合适；在只有一小部分人应该为释放燃烧、造成全球影响而负责时，如果谴责所有的人类，这样也不合适。

故事从什么时候算起，这取决于什么时候结束。把火焰世理解为一段漫长的历史，其优点是，这样能够揭示人类无节制焚烧的产生过程；这样会提醒我们，在变化的气候向熊熊大火中投放助燃剂之前，我们正面临着一场火危机；而当气候稳定或回复到先前状态时，大火就会消失；这样还会让我们意识到，火就是我们这一物种的行为结果。把火焰世理解为短暂的时间，则避开了火焰世起源的问题，避开了关于有害燃烧背后主导推动力的纷争，也避免了关于特大火灾和超级烟尘的成因比例的误导性言论，并让我们聚焦于工业燃烧所导致的对火系统的扰乱。无论哪种看法，地球上为火而生的主导物种都算得上引发大火的火花。人类和气候根据错综复杂的反馈进行互动，关于反馈的形式众说纷纭，可以使 2 变成 4，4 变成 16。

我赞同将火焰世视为漫长的过程，因为它见证了人类和火在基因组内部的结合过程，也因为它能够呈现出一段将会演化为深度未来的历史。地球变暖并不需要人类才能够开始，但是地球持续变暖则需要人类。

在火焰世带来的种种矛盾中，最奇怪的或许是，我们的火实践或许无意中预先阻止了冰期的回归。小冰期本有可能持续下去，而随着人类不断地拨弄气候的变阻器，下一个可能到来的冰期或许被排挤到了边缘。既然人类与火共存比与冰共存更容易，我们或许为自己赢得了一些时间，赢得了一点儿活动空间。我们的火实践虽然无心插柳，但或许让我们躲过了冰冷的未来，使之成为不可能，当然，我们同样有可能会因火而死——如果我们不控制燃烧——也就是不自控的话。

我们必须让化石生物质继续埋藏在地下。我们必须将它们存储起来，不只是为了让人类当前的高烧有所冷却，还为了积累柴火，等未来冰期回归时我们可以御寒。化石生物质相当于为气候而存储的战略石油储备，是我们未来抵御寒冷的法宝。我们或许需要燃烧大量的化石生物质，而当冰期来临时，我们会因地球在温暖时代所存储的哪怕一小点儿富含碳的燃料而感到欣慰。我们必须能够永久地行使权力，发挥各种火力。我们将会永远做好火焰的守卫者，直到我们的生命结束。

可是，我们正在守卫的是什么样的火焰呢？我们怎样想象火，这将会影响我们与火的关系。

我们可以把火定义为一种化学反应，这种反应由物理环境决定，并要根据人类能利用和遏制它的物理标准来衡量。我们可以把它存储在物理环境和机器之中；我们可以试图用物理的反制手段来压制其自然表达形式；我们可以把它限制在不可燃的石头、水、尘土障碍之中；我们可以在它上面倾倒水和阻燃剂。一旦逃逸，它将会像海啸或飓风那样肆虐。

我们可以把它定义为生物存在的根基，它本身并没有生命，就像病毒一样，是一个依赖生物环境和生化反应才能传播的过程；我们可以驯化它、征服它，为它创造一个生态环境，在这个环境中，火可以为我所欲，不为我所不欲，通过这种方式来引导它；我们可以通过生态手段来改造它，生物质的扰乱会造成它的逃脱，而它的爆发会像一场流行病，超大规模的火灾就像随时爆发的瘟疫一样。

我们可以把人类与火的全部关系理解为文化关系。毕竟，火是好是坏，哪些属于火炬，哪些属于田间，什么样的理念和制度适宜管理火，决定这些的，都是我们自己。关系这个概念，彻头彻尾是属于我们自己的，而不属于火。扰乱这种关系的是人类的活动，而麻烦来自我们自己的行为，不是火的行为。

那么怎样认识火的属性呢？火是永远的变形大师，它是以上一切活动的产物，而且只受到地球容量和人类创造环境能力的限制。每一种概念都有其用武之地。对于人类建筑环境、机器、在风中怒号的火，建立物理模型比较适宜。对于生物景观，无论是人工维护还是野生景观，生物火是合适的，而通过物理模型来对待这种情况则会造成问题。对于像火焰世这样由我们的实践和态度所决定的火景，只有文化模式才能阐释其核心驱动力。只有它才能在不同的叙事及其表现之间选择和创造。

是的，我知道我从哪里来！

我就像不灭的火，

吞没自己，发出光辉，

我触碰到的一切都变成光；

我留下的一切都变成煤炭；

我就是火！

——弗里德里希·尼采，《瞧，这个人》

我赞美你，我的主！——通过火兄弟，通过在黑暗中给予我光明的火兄弟。他是那么光明、乐观、强大、刚毅！

——阿西西的圣弗朗西斯，《生物赞歌》

在火焰世的壮丽传奇故事中，直到最近几百年，人类寻求火的征程才达到极致，人类开始无休止地寻找更多的东西，使之在更多的地方燃烧。有两个互补的叙事平行发展。普罗米修斯式（或者尼采式）的叙事将火讲述为力量，人类之火被塑造成从自然环境中摄取出来的东西，或许是借助了武力才得以实现，并用于满足人类的目的。而原始（弗朗西斯式）的叙事则把火理解为人类的旅伴，视为人类为自己及其他物种利益而需要照料的同伴。在这两个叙事中，火是人类特有的活动表现，其他物种均没有这种能力。在一个叙事中，人类储藏火；在另一个叙事中，人类分享火。这两个概念的范围很广，但它们的道路总是保持在共同的领域范围之内，而这里就是生物景观的领地。

有了化石燃料之后，这两条道路开始分岔。人类开始远离弗朗西斯的概念，投奔普罗米修斯式的理想，离开生物景观而投奔石质景观。这一趋势越来越明显，力量越来越壮大。原始火越来越弱，普罗米修斯火越来越旺，直至被释放的普罗米修斯之火占领高地。人类的火力以指数级增长，但是我们寄身的生命世界开始承受苦难，变得越来越不适宜居住。现在，为了用逃逸的火世纪换来一个强盛的冰世纪，我们已经准备就绪。

我们对普罗米修斯火的需求越来越小，而对原始火的需求越来越大。我们需要在物种层次上恢复文化燃烧。我们要记住：火不仅仅是一个工具、一种存在，或者一个我们可以操纵的过程，还是一种关系。我们要记住：离开了火，我们将无法生存，但是离开了我们，火却可以生存。我们要记住：我们独一无二的火能力也给我们带来了独一无二的责任。

我们曾经用手中火的力量来重整世界，创造出第六轮太阳。现在，我们必须学会为了地球的更广泛利益而传播火种，因为地球的未来就是我们的未来。

后　　记

这篇后记提炼并重新表述了我与火打交道的一生。但是，尽管火是无限可塑的——它可以变形，自然是后现代主义——但我不是，我的文字也不是。对于我所理解的东西，我只能找到这么多方法来表达，所以《火焰世》这本简短的书有对以前作品中的句子和段落的重复与转述。其中，尤其需要注意的是，此书是以《火的简史》第 2 版（*Fire: A Brief History,* University of Washington Press, 2019）（华盛顿大学出版社，2019 年）为基础，也参考了《最后遗失的世界》（*The Last Lost World,* Viking, 2012）（维京出版社，2012 年）和《冰》

（*The Ice,* University of Iowa Press, 1986）（艾奥瓦大学出版社，1986 年），通过《冰》这本书，我对冰河期的理解有了更清晰的层次划分。本书中可能有 80% 的内容可以在我以前的出版物中找得到（这是我论述消防管理 4 种策略的第 4 本书，尽管每本主题和风格各异）。我在这本书中添加的是一个新的组织概念，我相信它会赋予这些思想和文字以丰富的背景和新鲜的含义。

我在 2015 年发表在《万古》杂志上的一篇题为《火的时代》的文章中创造了“火焰世”这一流行词。从那以后，我开始经常使用它，并在 2019 年开始将它作为一个原则（在文学意义上），通过它来理解我们与火建立契约后所创造的世界。我对它特别感兴趣，特别是在生物质和石质景观爆炸成火焰的地方，或者在它们相互作用重建景观的地方。想想那些在加州引发许多严重火灾的电线吧；想想阿拉斯加吧，一个富产石油的州支撑着人们生活在易发火灾的北方地区；或者再想想阿尔伯塔省的麦克默里堡，可能是受气候变化的影响，那里一个为开采油砂而建的居民区被从周围的森林中冲出的大火吞噬。《万古》杂志 2019 年 11 月 19 日再次刊登了一篇和“火焰世”相关的文章，该文发表时恰逢澳大利亚那场创纪录的2019—2020年火灾季势头正猛。

人类时代有很多名字，每一个都自有其价值，都强调特定的原因和结果。随着时间的推移，其中一个名字肯定会超过其他的，就像新发芽的根茎会让位给主导的根茎。从地质学的角度来看，我一直认为全新世是一个人类世。从火的角度来看，我现在把人类世看作火焰世。

我要感谢TED演讲迫使我把我理解的火的历史简缩到14分钟，感谢《万古》杂志的布里吉德·海恩斯为我提供了一个平台，使我得以将这场演讲转化为文字，然后以另一种叙事风格重现，我还要感谢《石板》《历史新闻网络》《自然历史》《火》《卫报》的众多编辑，以及无数跟踪火灾报道的新闻记者，他们给了我前进的动力，使我的观察更加敏锐、见解更加独特、文章也更有分量。

另外，和往常一样，我要感谢索尼娅，这次是感谢她坚持鼓励我写作《火焰世》。在她看来，这本书是我个人对火的长期探索的总结。

阅读文献推荐

鉴于本书是阐释性或者说是论证性的类比文，而非专著，我最大限度地精简了引用书目和阅读材料。如果想进一步了解文献资料，推荐读者阅读我的《火的简史》第2版（*Fire: A Brief History*, 2nd ed., University of Washington Press, 2019）（华盛顿大学出版社，2019年），以及我为安德鲁·斯科特等人撰写的《地球之火：导论》（*Fire on Earth: An Introduction,* Wiley-Blackwell, 2013）（威片－布莱克威尔出版社，2013年）。除去这些精粹，还可参考我为以下国家火史要事撰写的专著：澳大利亚，《燃烧的灌木丛》（*Burning Bush*, University of Washington

Press, 1998）（华盛顿大学出版社，1998 年）；加拿大，《可怕的光辉》（*Awful Splendour*, UBC Press, 2007）（不列颠哥伦比亚大学出版社，2007 年）；欧洲的俄罗斯，《纯真之火》（*Vestal Fire*, University of Washington Press, 2000）（华盛顿大学出版社，2000 年）；美国，《美国的火灾》（*Fire in America*, University of Washington Press, 1997）（华盛顿大学出版社，1997 年）、《两火之间》（*Between Two Fires*, University of Arizona Press, 2015）（亚利桑那大学出版社，2015 年）、《烟消云散》（*To the Last Smoke*, University of Arizona Press, 2020）（亚利桑那大学出版社，2020 年）等。

我素来对书情有独钟，而科研成果传统上多以论文的形式呈现。在书中，你可以讲述更精彩的故事，可以博采众长，旁征博引；综述论文则对了解某一领域的现状很有用。我特别强调书的重要性，尤其是以最新的科学概述充实内容的书，这些书的针对目标并非那些难以捉摸的泛泛而读的人，而是那些对不同学科的火研究感兴趣的跨学科专业人士。

关于更新世，我发现以下书籍尤其有用：R. C. L. 威尔逊、S.A. 杜里和 J. L. 查普曼合著的《大冰河时代：气候变化与生命》（*The Great Ice Age: Climate Change and Life,* Routledge,

2000）（劳特里奇出版社，2000 年）；克利福德·恩布尔顿和库奇莱恩·A. M. 金合著的《冰川地貌学》第 2 版（*Glacial Geomorphology,* 2nd ed., John Wiley, 1975）（约翰威立大学出版社，1975 年）和《冰缘地貌学》第 2 版（*Periglacial Geomorphology*, 2nd ed., John Wiley, 1975）（约翰威立大学出版社，1975 年）；E. C. 皮埃罗的《冰河时代之后：北美冰河时代生命的回归》（*After the Ice Age: The Return of Life to Glaciated North America*, University of Chicago Press, 1991）（芝加哥大学出版社，1991 年）。约翰·英布里和凯瑟琳·帕尔梅·英布里合著的《冰河时代：解谜》（*Ice Ages: Solving the Mystery,* Harvard University Press, 1978）（哈佛大学出版社，1978 年）提出了一个通行的阐释模型，有助于揭示各种各样的成因。为了理解气候动力学规律及其向全新世的过渡，可参考威廉·F. 拉迪曼所著《犁、瘟疫和石油：人类如何控制气候》（*Plows, Plagues and Petroleum: How Humans Took Control of Climate*, Princeton University Press, 2005）（普林斯顿大学出版社，2005 年），此书既重要又易懂。

关于化石燃料的历史，我发现瓦茨拉瓦·斯米尔的《世界历史中的能源》（*Energy in World History,* Westview Press,

1994)（西景出版社，1994 年）对理解历史背景相当有用，J. R. 麦克尼尔的《太阳底下的新事物：20 世纪世界环境史》（*Something New Under the Sun: An Environmental History of the Twentieth-Century World,* Norton, 2000)（W.W. 诺顿出版公司，2000 年）对追踪化石燃料文明无尽的脉络有深刻见解。关于人类世相互矛盾的概念，厄尔·C. 埃利斯的《人类世简介》（*Anthropocene: A Very Short Introduction*, Oxford University Press, 2018)（哈佛大学出版社，2018 年）特别有用。

如何了解错综复杂的火呢？参考书目可谓无穷无尽，在过去的 25 年里，相关文献呈指数级增长。非营利的火研究所（Fire Research Institute）收集了最全面的景观火资料，每月更新一次，期刊名为《当前野火》（*Current title in Wildland Fire*）。安德鲁·斯科特的论文扩展专著《燃烧的地球：穿越时间的火的故事》（*Burning Planet: The Story of Fire through Time,* Oxford University Press, 2018)（牛津大学出版社，2018 年）将工业燃烧放在漫长的火史框架中予以考察，并将其与对石化炭的争议联系在一起。

火行为、火生态学、火天气、火历史——这些都有通常按学科分类的书籍和评论文章；针对每一个主要的火生物群落，都有相关的书籍或会议论文集，对日新月异的知识做出总结，其中，最近的优秀著作包括：乔恩·E. 凯利等人编写的《地中海生态系统中的火：生态学、进化论与管理学》（*Fire in Mediterranean Eco-systems: Ecology, Evolution and Management,* Cambridge University Press, 2012）（剑桥大学出版社，2012年）；理查德·科林主编的《凡波斯生态学：营养、火与多样性》（*The Ecology of Fynbos: Nutrients, Fire and Diversity,* Oxford University Press, 1992）（牛津大学出版社，1992年）；罗斯·A. 布拉德斯托克、A. 马尔科姆·吉尔和理查德·J. 威廉姆斯主编的《可燃的澳大利亚：变化世界中的火系统、生物多样性与生态系统》（*Flammable Australia: Fire Regimes, Biodiversity and Ecosys-tems in a Changing World,* CSIRO, 2012）（联邦科学与工业研究组织，2012年）；马克·A. 科克伦的《热带火灾生态学：气候变化、土地使用与生态系统动力学》（*Tropical Fire Ecology: Climate Change, Land Use, and Ecosystem Dynamics,* Springer, 2009）（施普林格出版社，2009年）；简·W. 文·瓦滕东克等人合编的《加州生态系统中的火》第2版（*Fire in California's Ecosystems*, 2nd ed., University of California Press, 2018）（加利福尼亚大学出版社，

2018年)。对于西班牙语读者,请参阅丹特·罗德里格斯·特雷霍的两卷本《植被中的火:生态、管理和历史》(*Incendios de vegetacion: Su ecologia, manejo e historia,* 2 vols., Colegio de Postgraduados, 2014, 2015)(研究生院,2014,2015年)。由美国林务局出版的6卷本《生态系统中的荒野之火》(*Wildland Fire in Ecosystems*)系列概述了火对土壤、水、空气、动植物、入侵物种和考古遗址的影响。

当前,各个学科都对火研究产生了兴趣,其中威廉·J.邦德和布莱恩·W.文·威根的《火与植物》(*Fire and Plants,* Chapman and Hall, 1996)(查普曼与霍尔出版社,1996年)仍有其价值。约翰·W.里昂所著的《火》(*Fire*, Scientific American Books, 1985)(科学美国人图书,1985年)从化学家和城市火专家的角度对普通读者做了介绍。克克·J.施罗德和查尔斯·C.巴克的先驱性成果《火灾天气……气象信息应用于林火消防行动指南》农业手册大全(*Fire Weather ... A Guide for the Application of Meteorological Information to Forest Fire Control Operations,* Agriculture Handbook 360, US Forest Service, 1970)(美国国家森林局,1970年)至今依然无出其右者。关于人类与火的关系,一位有洞见的欧洲社会学家做了探讨，可参阅约翰·古德布洛姆所著的《火与文明》（*Fire and Civilization*, Penguin Press, 1992）（企鹅出版社，1992年）。人们对吸烟和健康的关注日益增长，请参阅费伊·H. 约翰斯顿、香农·梅洛迪和戴维·M. J. S. 鲍曼合著的《火健康转型：燃烧排放如何在人类历史中塑造健康》（"The Pyrohealth Transition: How Combustion Emissions Have Shaped Health through Human History," *Philosophical Transactions of the Royal Society B* 371: 20150173）。民族植物学家辛西娅·T. 福勒和詹姆斯·R. 韦尔奇合编有《火的另一面：新世界关于焚烧的民族生物学研究》（*Fire Otherwise: Ethnobiology of Burning for a Changing World,* University of Utah Press, 2018）（犹他大学出版社，2018年）；古人类学家理查德·兰厄姆著有《生火：烹饪如何使我们成为人类》（*Catching Fire: How Cooking Made Us Human*, Basic Books, 2009）（基础图书出版社，2009年）。如果我不提及哈利·H. 巴特利特的《火与热带原始农业和放牧的关系：注解书目》（*Fire in Relation to Primitive Agriculture and Grazing in the Tropics: Annotated Bib-liography,* University of Michigan Botanical Gardens, June 1955）（密歇根大学植物花园，1995年6月）则未免太大意了。

另外，大自然保护协会的两本小册子也必须推荐，这两本书以清晰的思路解释了火与人类的关系，它们分别是 A. J. 什利斯基等人合著的《火灾、生态系统和人类：全球生物多样性保护的威胁和策略》（*Fire, Ecosystems, and People: Threats and Strategies for Global Biodiversity Conservation,* 2007）和罗纳德 · L. 迈尔斯的《与火共存：通过系统性火管理来维持生态系统和生计》（*Living with Fire: Sustaining Ecosystems and Livelihoods through Integrated Fire Management*, 2006）。

近期发表的一些文章有助于将火置于现有学科框架中进行理解，这些文章包括：戴维 · M.J.S. 鲍曼等人合著的《人类世的植被火灾》（"Vegetation Fires in the Anthropo-cene," *Nature Reviews Earth and Environment,* August 18, 2020）；珍妮弗 · R. 马龙的《过去能说明火的现在和未来》（"What the Past Can Say about the Present and Future of Fire，" *Quaternary Research*）；N. 安德拉等人合写的《人类驱动的全球火灾区的衰落》（"A Human-Driven Decline in Global Burned Area," *Science* 356, 2017: 1356–1362）；国际热带草原火灾管理倡议，《本土火灾管理的全球潜力：区域可行性评估报告》（"The Global Potential of Indigenous Fire Management: Findings of the Regional Feasibility

Assessments", United Nations University, 2015)；克里斯多弗·I. 鲁斯等人合著的《生活在一个易燃的星球上：跨学科、交叉与多样化的文化教训、前景和挑战》("Living on a Flammable Planet: Interdisciplinary, Cross-Scalar and Varied Cultural Lessons, Prospects and Challenges," *Philosophical Transactions of the Royal Society B* 371: 20150469)；以及梅格·A. 克劳丘克等人合写的《全球火地理学：野火的当前和未来分布》["Global Pyrogeography: The Current and Future Distribution of Wildfire," *PLOS ONE* 4 (4) (April 2009), e5102]。关于大数据应用于火地理学的例子，请参阅南森·米特凯维奇等人合写的《在火线：人类引燃野火对美国房屋的后果（1992—2015）》("In the Line of Fire: Consequences of Human-Ignited Wildfires to Homes in the U.S. (1992—2015)," *Fire* 3 (2020): 50)。另外，还有生态学家肯德拉·K. 麦克朗克伦等人对这一领域的调查：《火作为一个基本的生态过程：研究进展和前沿》("Fire as a Fundamental Ecological Process: Research Advances and Frontiers," *Journal of Ecology* 108 (2020): 2047–2069)。此外，关于火生态的范围和可持续发展，可参考全球火灾监测中心的研究，他们拥有丰富的资讯、组织机构、国别报告和全球范围的景观火管理纲要。

以上名单只是部分例子，可以参考的文献不可尽数。每列出一个，就有十几个火研究界成员会因他们的特殊贡献被忽视而感到恼火。好消息是，与火一样，火研究也存在许多切入点，无论一个人的特殊爱好是什么，他的专业领域之火都有可能被点燃。

注　释

前　言　三类火之间

1. V. Alaric Sample, R. Patrick Bixler, and CharMiller, eds., *Forest Conservation in the Anthropocene: Science, Policy, and Practice* (Boulder: University Press of Colorado, 2016); V. Alaric Sample and R. Patrick Bixler, eds., “Forest Conservation and Management in the Anthropocene: Conference Proceedings,” Proceedings, RMRS-P-71, US Department of Agriculture, Forest Service, 2014.

2. 对“火悖论”的解释，见 Mark Finney 的相关视频。关于全球燃烧区域缩小，参见 N. Andela et al., “A Human-Driven

Decline in Global Burned Area," *Science* 356 (2017): 1356–1362。

第一章　火行星：缓慢之火，迅捷之火，深度之火

1. Clinton B. Phillips and Jerry Reinecker, "The Fire Siege of 1987: Lightning Fires Devastate the Forests of California," California Department of Forestry and Fire Protection (Sacramento, 1988); California Department of Forestry and Fire Protection, "2008 Wildfire Activity Statistics".

2. 本段摘自 Stephen J. Pyne, *Fire: A Brief History*, 2nd ed. (Seattle: University of Washington, 2019), 8；见 Richard Blaustein, "The Great Oxidation Event," *Bioscience* 66 (March 2016): 189–95, 以及 Andrew C. Scott, *Burning Planet* (New York: Oxford University Press, 2018)。

3. James Lovelock, *The Ages of Gaia* (NewYork: BantamBooks, 1988), 29.

4. 本段引自 Pyne, *Fire: ABrief History*, 2nd ed., 9。

5. 参见 Juli G. Pausas and William J. Bond, "On the Three Major Recycling Pathways in Terrestrial Ecosystems," *Trends in*

Ecology & Evolution 35(9) (Sep- tember 1, 2020): 767–775。

6. 本段引自 Pyne, *Fire: ABrief History*, 2nd ed., 10–11。

7. 火系统是火灾生态学的一个核心概念。另一个有趣的变异概念是“火群落”（pyrome），它与火灾的关系如同生物群落和生态系统的关系。这个术语尚未通行，尽管应该如此。参见 Sally Archibald et al., “Defining Pyromes and Global Syndromes of Fire Regimes,” *Proceedings of the National Academy of Sciences* 110 (16) (April 16, 2013): 6442–6447。

8. Ashley Strickland, “A Dinosaur’s Last Meal: A 110 Million-Year-Old Dinosaur’s Stomach Contents Are Revealed,” CNN (June 2, 2020)。

9. 本段引自 Pyne, *Fire: ABrief History*, 2nd ed., 15。

10. 参见 Leda N. Kobziaretal., “Pyroaerobiology: The Aerosolization and Transport of Viable Microbial Life by Wildland Fire,” *Ecosphere* 9 (11) (November 2018): article e02507; Elizabeth Thompson, “Wildfire Smoke Boosts Photosynthetic Efficiency,” *Eos* 101 (February 12, 2020); Manoj G. Kulkarni and Johannes Van Staden, “Germination Activity of Smoke Residue in Soils Following a Fire,” *South African Journal of Botany* 77 (2011): 718–724; Matthew W. Jones et al., “Fires

Prime Terrestrial Organic Carbon for Riverine Export to the Global Oceans," *Nature Communications* 11 (2020): article 2791。

11. 如想了解这些术语的简单介绍，参见 Ronald L. Myers, *Living with Fire: Sustaining Ecosystems and Livelihoods through Integrated Fire Management* (The Nature Conservancy, 2006), 3–6。

12. Jeff Hardesty, Ron Myers, and Wendy Fulks, "Fire, Ecosystems, and People: A Preliminary Assessment of Fire as a Global Conservation Issue," *The George Wright Forum* 22 (4) (2005): 78–87.

13. 此处主要参考了 Scott, Burning Planet，以及 Andrew Scott et al., *Fire on Earth: An Introduction* (Chichester: Wiley-Blackwell, 2013) 的第三章和第四章。

14. 本段引自 Pyne, *Fire: A Brief History*, 2nd ed., 12。

15. 关于原概念的总结，参见 Walter Alvarez, *T. Rex and the Crater of Doom* (Princeton: Princeton University Press, 1997)。最近的研究提出了影响火和残余木炭之间更协调的关系；见于 "Chicxulub Crater Reveals the Terrible End of the Dinosaurs," *Inverse* (December 15, 2019), 和 "Earth's Most Destructive Day

Ever: Chicxulub Crater Evidence Study Tells a New Story," *Inverse* (September 9, 2019)。

16. 关于 PETM，参见 Dag Olav Hessen, *The Many Lives of Carbon* (London: Reaktion Books, 2017), 178–179; 关于火，参见 Scott, *Fire on Earth*, 75–76, 88。

17. 本段引自 Pyne, *Fire: A Brief History*, 2nd ed., 12–13。

18. 关于西方火的学术研究简史，参见 Stephen Pyne, "Fire in the Mind: Changing Understandings of Fire in Western Civilization," *Philosophical Transactions of the Royal Society B* 371 (2016): 20150166。

19. William Crookes, ed., *Course of Six Lectures on the Chemical History of a Candle* (London: Griffin, Bohn, and Co., 1861).

20. William James, *The Varieties of Religious Experience* (New York: Longmans, Green, and Co., 1917), 74.

第二章　更新世

1. 对此进行生动概括的参考书目，参见 John Imbrie and Katherine Palmer Imbrie, *Ice Ages: Solving the Mystery* (Cambridge: Harvard University Press, 1986), 19–31，也可参考 Edward Lurie, Louis Agassiz: A Life in Science (Chicago: University of Chicago Press, 1960)。

2. William F. Ruddiman, *Plows, Plagues and Petroleum* (Princeton: Princeton University Press, 2005), 41.

3. Ruddiman, *Plows*, 121. 对于小冰河期，学界提出了不少日期，范围从 1350 年至 1900 年，但大多数意见是小冰河期于 1850 年结束，尽管有些学者对此表示不认可。我与大多数学者的意见一致，都认为小冰河期始于 1550 年，尽管证据不是结论性的。在中世纪温暖期后，气温开始下降，但小冰河期的开始时间取决于标准和主题。

4. Ruddiman, *Plows*, 84–86.

5. Elaine Anderson, "Who's Who in the Pleistocene: A Mammalian Bestiary," in Paul S. Martin and Richard G. Klein,

eds., *Quaternary Extinctions: A Pre-historic Revolution* (Tucson: University of Arizona Press, 1984), 40–89, 以及同一著作中的另一篇：Paul S. Martin, “Prehistoric Overkill: The Global Model,” 354–403。这一矫枉过正的模式在近年来已得到广泛修正。也请注意，在马丁和克莱因发表论文时，更新世包含 190 万年。在那之后，更新世的持续时间延长至 260 万年，同时也扩大了灭亡的规模。

6. 这一段和第四段引自 Lydia V. Pyne and Stephen J. Pyne, *The Last Lost World: Ice Ages, Human Origins, and the Invention of the Pleistocene* (New York: Viking, 2013), 30–33。

7. 对于更新世年代定义的历史，有用的调查见于 J. J. Low and M. J. C. Walker, *Reconstructing Quaternary Environments* (New York: Longman, 1984), 3–8。

8. 若想了解争论详情，参见 Imbrie and Imbrie, *Ice Ages*, 123–173; Paul E. Damon, Glen A. Izett, and Charles W. Naeser, conveners, “Pliocene and Pleistocene Geochronology,” Penrose Conference Report, *Geology* 4 (October 1976): 591–593; and Amanda Leigh Mascarelli, “Quaternary Geologists Win Timescale Vote,” *Nature* 459 (June 4, 2009): 624。

第三章　火生物：生物景观

1. 引自 Josephine Flood, *Archaeology of the Dreamtime: The Story of Pre-historic Australia and Its People* (Sydney: Angus and Robertson, 1999), 227；也可参见 T. L. Mitchell, *Journal of an Expedition into the Interior of Tropical Australia* (London, 1848), 306; T. L. Mitchell, *Three Expeditions in the Interior of Eastern Australia* (London, 1839), 196。

2. Mitchell, *Journal of an Expedition*, 412.

3. Mitchell, *Journal of an Expedition*, 413.

4. 参见 Richard Wrangham, *Catching Fire: How Cooking Made Us Human* (New York: Basic Books, 2009)。

5. 参见 Konrad Spindler, *The Man in the Ice* (London: Phoenix Books, 1993); Samir S. Patel, "Illegally Enslaved and Then Marooned on Remote Tromelin Island for Fifteen Years, with Only Archaeology to Tell Their Story," *Archaeology* (September/October 2014). See also Mich Escultura, "The Inspiring Story of the Castaways of Tromelin Island," *Elite Readers* (October 11, 2016),

www.elitereaders.com/castaways-tromelin-island, and “Lèse humanité,” *Economist* (December 16, 2015)。

6. 关于火的微观管理，参见 Kat Anderson, *Tending the Wild: Native American Knowledge and the Management of California's Natural Resources* (Berkeley: University of California Press, 2013)。

7. Rhys Jones,“Fire-Stick Farming,”*Australian Natural History* 16 (1969): 224–228; Bill Gammage, “Australia under Aboriginal Management,” *Fifteenth Barry Andrews Memorial Lecture,* University College, Canberra, 2002, 以及 *The Biggest Estate on Earth: How Aborigines Made Australia* (Sydney: Alley & Unwin, 2012).

8. Rhys Jones, “The Neolithic, Palaeolithic, and the Hunting Gardeners: Man and Land in the Antipodes,” in R. P. Suggate and M. M. Cresswell, eds., *Quaternary Studies* (Wellington, 1975), 26.

9. 详尽调查的内容，参见 William Baleé, *Foot-prints of the Forest: Ka'apor Ethnobotany—the Historical Ecology of Plant Utilization by an Amazonian People* (New York: Columbia University Press, 1994), especially 136–138 and 220–222。

10. 对于欧洲的最佳概述，参见 Stephen J. Pyne, *Vestal Fire: An Environmental History, Told through Fire, of Europe and Europe's Encounter with the World* (Seattle: University of Washington Press, 1997)，不过，信息来源于其他文献，如 Axel Steensberg, *Fire Clearance Husbandry: Traditional Techniques Throughout the World* (Herning: Poul Kristensen, 1993); François Sigaut, *L'Agriculture et le feu: Role et place du feu dans les techniques de préparation du champ de l'ancienne agriculture européenne* (Paris: Mouton & Co., 1975)；关于芬兰的情况，参见 *Suomen Antropologi* 4 (1987) 特刊；关于刀耕火种，最好的汇编材料参见 Harley H. Bartlett, "Fire in Relation to Primitive Agriculture and Grazing in the Tropics: Annotated Bibliography," Supplement to Background Paper No. 34, "Man's Role in Changing the Face of the Earth," 总结可见于 "Fire, Primitive Agriculture, and Grazing in the Tropics," in William L. Thomas Jr., *Man's Role in Changing the Face of the Earth*, vol.2 (Chicago: University of Chicago Press, 1956), 692–720。

11. 关于火草放牧，见 Pyne, *Vestal Fire*, 这本书包括欧洲五个火区域的所有样例。对游牧进行详尽调查的，参见 Elwin

Davies, “Patterns of Transhumance in Europe,” *Geography* 26 (1941): 116–127。

12. 引自 Cyril Stanley Smith and Martha Teach Gnudi, trans. and eds., *The Pirotechnia of Vannoccio Biringuccio* (Cambridge: MIT Press, 1966; New York: Dover, 1990, reprint), xxvii。

13. 关于墨西哥发现，见 Ciprian F. Ardeleanetal.,“Evidence of Human Occupation in Mexico around the Last Glacial Maximum,” *Nature* (July 22, 2020)。

14. 关于草场的统计数据与定义关联密切，并不只是由草场构成要素决定（区别于树林和稀树草原）。我认为以下文献有帮助，虽然它们年代久远：Robin P. White, Siobhan Murray, and Mark Rohweder, *Grassland Ecosystem* (Washington, DC: World Resources Institute, 2000), and Eleonora Panunzi, “Are Grasslands Under Threat? Brief Analysis of FAO Statistical Data on Pasture and Fodder Crops”。

15. 来源于世界银行数据。

16. 对预期规律的转变做出详尽解释的文献，参见 William F. Ruddiman, *Plows, Plagues, and Petroleum: How Humans Took Control of Climate* (Princeton: Princeton University

Press, 2005)，我把特定火的影响纳入进来以阐释他的观点。

17. 经典的研究是Jean M. Grove, *The Little Ice Age* (London: Methuen, 1988)。关于长夏概念，一个普遍的阐释见于 Brian Fagan, *The Long Summer: How Climate Changed Civilization* (New York: Basic Books, 2004)。

18. 关于人口地理分布情况和小冰河期的开始时间，参见 Robert A. Dull et al., "The Columbian Encounter and the Little Ice Age: Abrupt Land Use Change, Fire, and Greenhouse Forcing," *Annals of the Association of American Geographers* 100 (4) (2010): 755–771。更新信息参见 Alexander Koch et al., "European Colonisation of the Americas Killed 10% of World Population and Caused Global Cooling," *The Conversation* (January 31, 2019)。

第四章　火生物：石质景观

1. Alexander Napier, ed., *The Life of Samuel Johnson, LL. D. together with the Journal of a Tour to the Hebrides by James Boswell, Esq.,* vol.3 (London: George Bell and Sons, 1884), 42.

2. Napier, *Life of Samuel Johnson*, 62.

3. Odum 的引言参见 Howard T. Odum, *Environment, Power, and Society* (New York: Wiley Interscience, 1970), 116。

4. N. Andelaetal., “A Human-Driven Decline in Global Burned Area,” *Science* 356 (June 30, 2017): 1356–1362.

5. 野地与城镇的交接地带是发达国家的火灾根源；关于美国、澳大利亚、法国和加拿大的情况，均有研究资料；对其他国家的火灾也都有专门的调查。有些学者对火灾的地图分布情况进行了取样调查，参见 Sebastíin Martinuzzi et al., “The 2010 Wildland-Urban Interface of the Conterminous United States,” Research Map NRS-8 (New town Square, PA: US Department of Agriculture, Forest Service, 2015)。

6. 关于去森林化和欧洲观念，有两部经典著作：Richard Grove, *Green Imperialism: Colonial Expansion, Tropical Island Edens, and the Origins of Environmentalism, 1600–1860* (Cambridge: Cambridge University Press, 1995), 以及 Michael Williams, *Deforesting the Earth: From Prehistory to Global Crisis* (Chicago: University of Chicago Press, 2002)。

7. A. A. Brown and A. D. Folweiler, *Fire in the Forests of the United States* (St. Louis: John S. Swift Co., 1953), 3.

8. S. B. Show and E. I. Kotok, “The Role of Fire in the California Pine Forests,” Department Bulletin No. 1294, US Department of Agriculture (Government Printing Office, 1924), 47.

9. 例子有很多，但我认为埃塞俄比亚的例子很能说明问题，不单单因为它似乎是一个世纪后对加利福尼亚火灾的轮回。参见 Maria Johansson, Anders Granström, and Anders Malmer, “Traditional Fire Management in the Ethiopian Highlands: What Would Happen If It Ends?” *Forest Facts* 9 (2013), Swedish University of Agricultural Sciences 的检索结果。

第五章　火焰世

1. 见于MNPLLP, “A Review of the 2016 Horse River Wildfire: Alberta Agriculture and Forestry Preparedness and Response,” Prepared for the Forestry Division, Alberta Agriculture and Forestry, Edmonton (June 2017)。

2. M. Turco, S. Jerez, S.Augusto, et al., “Climate Drivers of the 2017 Devastating Fires in Portugal,” *Scientific Reports* 9 (2019): article 13886.

3. 加利福尼亚州森林和防火局，营地火灾概述；同时参见 Alejandra Reyes Velarde, “California’s Camp Fire Was the Costliest Global Disaster Last Year, Insurance Report Shows,” *Los Angeles Times* (January 11, 2019)。

4. 参见 Dave Owens and Mary O’ Kane, *Final Report of the NSW Bush fire Inquiry* (Sydney: NSW Government, July 31, 2020)。了解对戈斯珀斯山大火的详细插图和描述，参见 Harriet Alexander and Nick Moir, “‘The Monster’: A Short History of Australia’s Biggest Forest Fire,” *Sydney Morning Herald* (December 20, 2019)。

5. Elizabeth B. Wiggins et al., “Smoke Radiocarbon Measurements from Indonesian Fires Provide Evidence for Burning of Millennia-Aged Peat,” *Proceedings of the National Academy of Sciences* 115 (49) (December 4, 2018): 12419–12424.

6. 参见 Bruce Finley, “Wild fire Haze, Record Heat and Pollution Combine to Make Denver Air Quality Dangerous for All,” *Denver Post* (August 25, 2020)。

7. Jennifer K.Balchetal., “Human-Started Wildfires Expand the Fire Niche across the United States,” *Proceedings of the*

National Academy of Sciences 114 (11) (February 27, 2017): 2946–2951.

8. 关于经验和证据的区别，存在一个有趣的讨论，见于 Neil Burrows, "Conflicting Evidence: Prescribed Burning: When 'Evidence' Is Not the Reality," Keynote Speech, Australasian Fire Authorities Council Conference, Perth, Western Australia, September 5, 2018。

9. 参见 J. Russell-Smith, P. Whitehead, and P. Cooke, eds., "The West Arnhem Land Fire Abatement (WALFA) Project: the Institutional Environment and Its Implications," in Culture, *Ecology, and Economy of Fire Management in North Australian Savannas: Rekindling the Wurrk Tradition* (Tropical Savannas Cooperative Research Centre, 2009), 287–312。

10. 更多文献，参见以下文献中所列出的书目：Stephen J. Pyne, *To the Last Smoke* (Tucson: University of Arizona Press, 2016): "The Mogollons: After the West Was Won," in *The Southwest: A Fire Survey, vol.5 of To the Last Smoke*, 22–33; "Vignettes of Primitive America," in *California: A Fire Survey*, vol. 2 of *To the Last Smoke*, 167–176; and "Fire's Call of the Wild," in

The Northwest: A Fire Survey, vol.3 of To the Last Smoke, 33–43。关于政策改革及实施的总体情况，参见 Stephen J. Pyne, *Between Two Fires: A Fire History of Contemporary America* (Tucson: University of Arizona Press, 2015)。

11. 黄石大火产生了广泛影响，对于政策后果的简介，参见 Ron Wakimoto, “National Fire Management Policy,” *Journal of Forestry* (October 15, 1990)。对墨西哥克罗塔罗大火的记载很多，其中最客观的参见 Barry T. Hill, *Fire Management: Lessons Learned from the Cerro Grande (Los Alamos) Fire and Actions Needed to Reduce Risk,* GAO/T-RCED-00–273 (Washington, DC: US Government Accounting Office, 2000)。对下北下岔段（Lower North Fork）的大火记载，参见 William Bass et al., “Lower North Fork Prescribed Fire: Prescribed Fire Review,” report to the Colorado Department of Natural Resources (April 13, 2012)。

12. 关于田野科学对模拟科学提出质疑，参见 Burrows, “Conflicting Evidence”。

尾 声 第六轮太阳

1. 该段及之后两段引自 “Old Fire, New Fire,” in Stephen J. Pyne, Smokechasing (Tucson: University of Arizona Press, 2003), 46–47。原始引文出自 Fray Bernardino de Sahagun, “Florentine Codex: General History of the Things of New Spain,” in Arthur J. O. Anderson and Charles E. Dibble, trans. and eds., *Book 7: The Sun, Moon and Stars, and the Binding of the Years,* Monographs of the School of American Research, No. 14, Part 8 (Santa Fe, New Mexico, 1953)。